国家"十二五"科技支撑项目课题（2012BAJ22B04）资助成果

乡村规划

——乡村规划特征及其教学方法与2014年度同济大学教学实践

同济大学城市规划系乡村规划教学研究课题组　著

U0288205

中国建筑工业出版社

图书在版编目（CIP）数据

乡村规划——乡村规划特征及其教学方法与2014年度
同济大学教学实践 ／ 同济大学城市规划系乡村规划教学
研究课题组著 . —北京：中国建筑工业出版社，2015.12
　　ISBN 978-7-112-19005-8

　　Ⅰ.①乡…　Ⅱ.①同…　Ⅲ.①乡村规划-中国-教学研究-
高等学校　Ⅳ.① TU982.29

　　中国版本图书馆CIP数据核字（2016）第010387号

责任编辑：杨　虹
责任校对：陈晶晶　关　健

国家"十二五"科技支撑项目课题（2012BAJ22B04）资助成果
乡村规划——乡村规划特征及其教学方法与2014年度同济大学教学实践
同济大学城市规划系乡村规划教学研究课题组　著
＊
中国建筑工业出版社出版、发行（北京西郊百万庄）
各地新华书店、建筑书店经销
北京嘉泰利德公司制版
北京方嘉彩色印刷有限责任公司印刷
＊
开本：880×1230毫米　1/16　印张：8¾　字数：228千字
2015年12月第一版　2015年12月第一次印刷
定价：**85.00**元
ISBN 978-7-112-19005-8
　　　　　（28281）

编 委 会

目　录

Contents

序

1 乡村规划特征及其教学方法

2 2014年度同济大学教学实践

3 学生体会

序

Preface

　　近年来，国家在统筹我国城乡发展上的一系列政策举措，使得长期以来更多关注城市发展而忽视乡村发展、城乡关系严重失调的状态已有了很大改观。在城乡规划学科的发展上，2008 年国家颁布的《城乡规划法》明确了乡村规划在我国城乡规划体系中的法律地位，2011 年国家正式设立城乡规划学一级学科，从我国城乡建设事业发展和人才培养的战略高度架构了城乡规划理论与方法体系，也对我国高等院校城乡规划专业人才培养体系的建设和乡村规划学科建设给予了直接的方向性指导。在这些宏观利好政策的影响下，国内高校的城乡规划专业正逐步探索从城市规划到城乡规划的人才培养方案和教学体系建设。然而，由于我国长期以来"二元化"的社会经济结构和传统城镇化发展模式的影响，规划专业教育与实践普遍对城市发展规律及其城市规划应对的研究相对系统完整，而对乡村发展规律及其规划的研究与实践却严重不足，导致虽已轰轰烈烈开展了乡村规划实践，却依然站在城市发展的立场上规划乡村的发展，或忽视乡村发展的固有特征而按照城市规划的理论、方法和标准进行乡村规划，对我国乡村的科学发展缺乏有效的指导。因此，正确认识乡村发展建设的普遍性、系统性规律和乡村规划基本知识形态，掌握科学合理的乡村规划理论、方法与技术，仍将是城乡规划学科建设的一项重要而艰巨的任务。

　　同济大学早在 1950 年代初期设立城市规划专业时，就已经在专业教学体系中设置了乡村规划的相关教学环节与内容，并结合当时的城乡发展社会需求，在专业教学中开展了相应的乡村规划实践活动。如 1953 年以上海市南翔镇为对象开展课程设计教学，完成了第一次乡村规划教学；1958 年以上海市青浦县人民公社为对象进行了详细调查，并完成了全县人民公社居民点布局和一个居民点的详细规划设计。但由于国家发展方针的调整，乡村规划的内容也逐渐从城市规划专业教学体系中淡出。

　　随着近年来我国城乡发展宏观政策的变化，同济大学率先对原有的城市规划专业培养方案、课程体系等进行了系统的调整，将乡村规划教学纳入城乡规划教学体系中，开展了乡村规划相关教学体系的建设和完善，除了增设乡村规划原理课程以及将乡村规划相关内容融入城市概论、城乡规划导论、城乡规划原理和区域规划等系列理论课程外，更是将乡村规划设计作为乡村规划教学体系的核心课程，并将城乡建成环境作为整体来开展教学。2012 学年，同济大学城市规划专业的乡村规划设计教学结合西宁市湟中县、湟源县、大通县等 3 个县的 8 个典型村庄开展了村庄规划课程设计的教学活动，深入到乡村内部对乡村发展与建设进行全方位的调查研究，尤其是针对乡村的生产与生活方式、土地使用、人口与劳动力流动等关键要素，据此提出了具有针对性的乡村规划设计内容。在对 2012 学年的教学成果进行总结的基础上，2013 学年同济大学乡村规划教学团队又对乡村规划教学的内容和组织实施进行了探索性的调整和完善。结合城市总体规划课程设计教学组织，乡村规划的每个教学小组依托各自城市总体规划课程所在地区，选择 1 个或多个行政村作为案例组织乡村规划设计教学，这些地区的地理环境与资源条件、社会经济发展基础、人口与城镇化发展状况等各不相同。乡村规划教学要求学生们在城乡总体发展的层面上通盘考虑乡村的发展与规划，掌握协调和综合处理城乡问题的规划方法，规划在行政村的村域和村庄居民点两个层面上进行编制，提出因地制宜和各具特色的乡村规划设计内容。2013 学年共选择了云南省云龙县、四川省兴文县、山东省诸城市、山西省介休市和上海市奉贤区等 5 个省市的共 7 个不同案例乡村地区开展乡村规划教学。在中国建筑工业出版社的大力支持下，这两年的乡村规划教学成果已分别出版了《乡村规划——2012 年同济大学城市规划专业乡村规划设计教学实践》、《乡村规划——规划设计方法与 2013 年度同济大学教学实践》，并在中国城市规划学会年会和全国城乡规划专业指导委员会年会上进行了广泛交流，并获得一致好评。在 2013 学年的教学成果中，还汇集了同济大学乡村规划教学团队各位教师根据近年来对我国乡村规划发展实践的总结和结合乡村规划教学改革与课程建设撰写的乡村规划实务操作教学手册，内容涉及了对乡村发展特征的认识、乡村规划调研的方法与内容、乡村规划编制的各项主要内容以及乡村规划的主要法规规范等。

2014 学年，同济大学城乡规划专业 2011 级同学们在教师的指导下，选择了山西省介休市张兰镇旧新堡村、锦山镇南槐志村和城关乡石河村，河南省卫辉市乐村镇西板桥村、狮豹头乡小店河村、孙杏村镇娘娘庙村、唐庄镇仁里屯村，上海市崇明县绿华镇绿港村、三星镇育德村，上海市嘉定区徐行镇灯塔村、徐行镇小庙村、外冈镇葛隆村、外冈镇泉泾村，湖南省安化县仙溪镇等

4 个省共 14 个村。顺利完成了乡村规划的教学任务。自 2012 年以来连续三年的乡村规划教学是不断总结经验和不断完善的过程。2014 学年的乡村规划教学在前两年教学内容的基础上，要求同学们必须开展田野工作，深入乡村调查访问，并撰写乡村发展的调研报告，强调更加全面地思考乡村的发展和保护、乡村空间资源统筹、基础设施与基本公共服务设施配置等诸多方面的议题，并要求在村域整体层面上进行思考和安排。本次教学成果中还邀请了校内外的多位专家教授发表了他们对这次教学实践的建议。

感谢乡村规划教学团队的各位教师在乡村规划教学上的不断探索和辛勤付出，也感谢同济大学城市规划专业 2011 级同学们在教师的指导下顺利完成了 2014 学年的乡村规划教学任务，并取得丰硕的教学成果。同时，衷心感谢各位校内外专家参加教学的公开评图和在本书中贡献他们对乡村发展、乡村规划管理以及对乡村规划教育等方面的真知灼见。也要感谢中国建筑工业出版社对同济大学乡村规划教学探索的一如既往的支持和帮助。希望本书的出版能够继续为我国乡村规划教学的探索和促进我国城乡规划学科发展与城乡规划专业人才的培养再添一砖一瓦。

彭震伟

同济大学建筑与城市规划学院　教授　博士生导师

1 乡村规划特征及其教学方法

乡村规划教学方式的经验小结

栾 峰

自2011年城市规划专业正式调整为城乡规划学一级学科以后，同济大学调整了课程设置，于2012年开启了乡村规划的本科生教学工作，至今已经连续组织了3届。为了尽快提升教学质量、完善教学组织方式，每一次教学方式都有所不同，并且每次都邀请专家参与评图并针对教学活动的完善提出宝贵经验，并在下一年的教学中积极吸纳有关意见并调整教学方式。总结这3年的教学，主要有以下方面的经验值得分享：

其一，理论知识的讲授。为了配合教学活动，同济大学结合总体规划课程，组织了较为稳定的教学团队，摸索研究适应于乡村规划设计的有关理论知识，并逐渐形成了多种方式相结合的讲授方式。理论课程方面，已经开设了乡村规划原理的理论课程并纳入城市规划原理课程体系，该课程用时一个学期，较为全面和系统地讲授有关乡村及其发展特征及规划理论方面的知识；讲座系列，主要在乡村规划设计课程之前，利用实习和学期初期，针对乡村规划调查和设计，由认可教师开设讲座，重点围绕如何组织调查和研究，以及如何开展研究和规划设计等讲授方法层面的知识。两种教学方法各有侧重，相互补充，不仅希望能直接指导学生的课程设计，更希望培养学生正确的价值观和基础理论素养，为今后从事该方面的规划工作奠定理论基础。

其二，强调实际现场调研。除了第一年安排部分同学深入到当地乡镇和村里开展多层次的调查，此后两年里都明确要求同学们深入到现场进行踏勘，并对村民和有关部门进行访谈调查，2014年的教学又明确要求同学们分组撰写调研报告。强调实际现场调研，使得很多对乡村地区缺乏基本了解的同学有了现场接触的机会，对于激发同学们的学习和调研热情发挥了重要作用。实际现场调研，因此成为教学组织的必须环节。然而有所遗憾的是，受制于多方面的原因，现场调研时间往往较为短暂，特别是直接在村里的时间更少，师生大多觉得较难深入了解乡村情况。如何尽可能延伸调查时间，以及在有限的时间里尽可能多地了解乡村情况，是今后教学组织活动中的一个重要难点。但也正因如此，强调在短暂调研期间树立正确的认识观和立场，就更为重要。

其三，强调更加全面地思考乡村问题。经过前两年的教学探索，教学团队逐渐明确了一个基本思路，即乡村规划设计应与传统的村镇建设规划有明显区别，应当更加全面地思考乡村发展和保护，乡村空间资源统筹、基础设施与基本公共服务设施配置等诸多方面的议题，并且该项工作必须在村域整体层面上思考和安排。为此，在第三个教学年度中，我们突出强调了调研报告，并且在设计环节重点突出了村域层面的整体安排。但考虑到设计教学的特点，适当保留了村庄聚落布局，以及村民住宅设计等方面的内容要求。从实际教学经验来看，这样的教学安排取得了较好的成效，既有利于继续强化同学们在特定环境下的空间设计能力，也有利于同学们树立正确的乡村观点，并更为积极地从多个层面来思考乡村的发展与保护，以及新型城镇化背景下的乡村发展引导问题。

其四，方案竞赛与公开评图的成果评价方式。虽然同学们的课程得分仍然综合考虑多方面因素，但合适的成果评价方式从实际效果来看，对于教学质量的提升仍然具有重要的意义。这三年的教学，不仅均安排了中期教学大组的内部评图，而且一直以方案竞赛的方式，特别邀请教学组以外的校内外专家，参加最终的评图和评奖。这一组织方式，明显激发了各方案小组同学的热情，中期内部评图后修改再提交的最终成果，无论是在设计内容还是成果表达上，都明显提升。而且大组公开评图，以及校内外公开评图，多数同学们都能够认真听取。相信这样的组织方式，对于同学们的乡村规划理论和方法素养提升方面，将发挥长久的积极作用。

其五，及时的教学研讨与总结。每次教学末，结合公开评图，教学组都邀请校内外专家，除了完成评图，更重要的是针对教学组织征求意见和建议，同时还专门邀请专家以纸质的方式，撰写有关教学方面的意见和建议。在此基础上，每学期开始前，以及学期进行中，教学组多次组织内部教学讨论会，就有关教学内容和组织等事宜及时沟通。这些得益于校内外的专家支持，以及所有参与教学互动的教师的支持，乡村规划设计的教学不断取得新的进展。

三年的教学改革，虽然取得了一定成绩，但相对于社会的需求和教学组的期望，仍有很多方面需要不断改善和探索。希望所有关心乡村规划与建设的各界人士能够继续支持我们的教学发展。

栾　峰　同济大学建筑与城市规划学院副教授

一桶水与一杯水——乡村规划教学实践随感

陈秉钊

同济大学建筑与城市规划学院将乡村规划设计作为城乡规划学专业一个教学环节，已经历了三年。2012年集中在西宁市8个村庄的初步教学实践探索，相对而言，村庄的对象和内容都较为单一。2013年教学实践对象涉及5个省7个不同案例的乡村地区，对象、类型多了，遇到的问题自然也多了。在实践的基础上，教学组即时加以总结，完成了《乡村规划—规划设计方法》，探讨了乡村规划调查内容及方法、村庄选址、基本公共服务设施、综合防灾、交通及交通设施、法律规范等诸多问题，初步实现了从实践向理论的提升。2014年的教学实践，涉及3个省市14村，不仅对象更加丰富多样，而且在田野工作、深入农村调查，访问、分析问题、提出规划设计构想等，也更为丰富，成果琳琅满目。也许教学的经验也日臻成熟了，那么进一步提高的空间在哪儿？

首先，要进一步提高对乡村规划的重大意义的认识。习近平总书记说："小康不小康，关键看老乡"，"中国要强，农业必须强；中国要美，农村必须美；中国要富，农民必须富"[1]必须从农业、农村、农民三个方面去思考规划的问题。当然对于学生而言，毕竟是初次的规划实践，时间也十分有限，只能要求对最基本问题的把握。但对于教师，在潜在的意识中则要不断地提高。

其次，对农村建设问题的认识深度应不断深入。例如，在第三次教学实践总结交流后，规划系曾组织考察了上海嘉定区的三个村，本人有幸同往，对农村建设问题的认识就更深入了。

葛隆村原貌，虽有张宅等不可移动文物，还有香火颇旺的"药师殿"，但除个别新建楼房外，整体村貌和环境显得破旧脏乱。这与该村处于嘉定工业区，大量民宅租给外来的农民工居住有关。2010年全区农村户中出租私房有8.5万余户，占农户总数80%[2]。虽然有"浴室"之类的公共服务设施，但临时居住的房客自然不会关注住房修缮及环境的维护等问题。

毛桥村显然居住人是原房主，私宅整修很用心。环境美化也显得质朴、实在而不过分。公示栏、指示牌、路边、墙角绿化都有处理，也发展了农家乐，该村还保留了当年的"知青小屋"，颇有历史文化感。可推断该村的村管理委员会比较到位。

而大裕村，显然是企业介入开发，建设马陆葡萄艺术园，嘉定源海艺术中心、咖啡屋等。尤其"悦苑"，实际是高消费的会所，当然其内设"中国商用车模型博物馆"也颇有特色，营造了一种高档的文化氛围，依托它也许也会提高该村的经济发展和生活水平。

总之，乡村的发展与居民主体、产权体制、经营管理模式存在密切关系。此外，当前我国正进行土地制度的改革试点，诸如此类问题还很多，乡村规划是很复杂的问题。这些在乡村规划教学实践中未必都会深入触及，但教师心中要有数。老师拥有的如果是一桶水，虽然给学生的只是一杯水，但这杯水的品质可能就会不同。

---

① 2013年12月26日人民日报评论员：小康不小康，关键看老乡——论始终把"三农"工作牢牢抓住紧紧抓好。
② 朱金特大城市郊区"半城镇化"的悖论解释及应对策略—对上海市郊的初步研究。见城市规划学刊，2014（6）：13-21。

　　最后，应充分意识到"我国有着悠久的农耕文明史，历史情结令人向往田园生活。当城镇化率超过 50% 之后，传统的乡村文化，美丽乡村的建设，农业景观、田园风光将变为稀缺资源，必将萌发农村游、田园悠居的热潮，成为农村经济繁荣的新支点。"[①] 在乡村规划中如何在挖掘自然、人文资源的基础上，创造人类宜居的环境，形成第一或第二居住地，这些都是挑战。

陈秉钊　同济大学建筑与城市规划学院前院长、教授
全国高等学校城乡规划学科专业指导委员会和全国高等教育城乡规划专业评估委员会前主任委员

① 《黄岩实践——美丽乡村规划建设探索》陈秉钊序："乡村悠悠，国盛家美"同济大学新农村发展研究院深题。

关于乡村规划教学的思考

王士兰

同济大学建筑与城市规划学院在2011年我国城乡规划学科上升为一级学科后，即刻抓住时机，于2012年开始连续三年开展乡村规划教学，取得了卓有成效的成绩。我有机会参加了三年的《城市规划专业乡村规划设计教学实践》的学生作业评选工作，作为一名从事城乡规划专业高等教学的校友，目睹着母校从引领着我国城市规划学科向继续引领城乡规划学科发展而感慨万千。在此向母校的老师和同仁们致以崇高敬礼！也想借此机会对今后的乡村规划教学提些建议。

1 乡村规划设计教学实践取得了可喜成绩，尚需进一步加强和完善《乡村规划原理》教学

同济大学城市规划专业教学从2012年起有了突破性进展，对原有城市规划专业课程体系、培养方案及相关课程的教学大纲进行了改革，在原有城市总体规划课程设计教学的基础上增加了乡村规划设计的教学内容，在城市总体发展的层面上统筹乡村的规划和发展。他们针对当前我国城乡规划学科本科生尚处于实践应用性为主的特点，从教学实践课着手进行教改的方向是正确的。在这过程中学校与地方政府合作，寻找我国不同地区、不同类型、不同民族的典型案例，以规划设计小组的形式，在教师的指导下，实地调查、分析研究、图文表现，从各个村庄的地理环境、资源禀赋、产业发展、当地特色一直到空间肌理、设施配套等方面进行全面的规划设计。三年来，学生在进行乡村规划设计的过程中，逐渐了解乡村、认识乡村、懂得乡村，体现在规划设计中从起初的套用城市规划设计方法到明白乡村规划应该解决什么问题？乡村规划设计怎么做？怎样才是一个好的乡村规划？三年来，在老师的辛勤培养下，在同学们的努力下，学生的乡村规划设计水平迅速提高。之后，建筑城规学院又采用各乡村所在地的政府与校内外教授、专家相结合的办法点评作业，进一步提升学生的水平。

从上可见，同济大学城市规划专业的乡村规划教学从规划设计实践着手的路径是正确的。当然从更高的要求来看，尚需进一步加强和完善《乡村规划原理》的理论教学。我注意到他们在开展乡村规划教学实践的同时已重视乡村规划原理的理论教学，也开展了乡村规划相关教学体系内容的建设。又于2015年1月发起成立中国城市规划学会下的二级组织"乡村规划与建设学术委员会"，这将更有助于对乡村规划与建设进行学术研究和探索。我建议，城市规划专业在今后的教学中，在课时设计中进一步增加乡村规划的课时，保证足够的《乡村规划原理》课的课时；要进一步完善乡村规划相关的教学体系内容；要有《乡村规划原理》的独立教材；安排好设计实践课与理论课的课时比例。使学生能在乡村规划理论的指导下更好地进行规划设计实践，我们期待着《乡村规划原理》教材的早日问世。

2 中国经济在适应"新常态"背景下，乡村规划需要重点关注的问题

"新常态"即是中国经济社会发展已告别过去传统粗放的高速增长，回归到合理区间，进入高效率、低成本、可持续的中高速增长，着力提高经济发展的质量和效益，实现中高速增长和中高端的"双目标"。中国的城镇化发展也已告别了传统城镇化进入新型城镇化，新型城镇化的核心是城乡统筹，从本质上看城镇化的过程就是城乡统筹发展的过程，其使一部分农村地域转化为城市地域的过程，在农村即是实现农业现代化的过程。

综合当今中国经济社会的发展背景，乡村规划需关注如下问题：

2.1 中国的乡村农业要现代化，农民要富裕，农村要美丽

在"新常态"和"新型城镇化"背景下，农业生产开始摆脱千家万户的小农经济，向规模化、智能化转型，农业现代化建立在以市场交换为目的，企业化生产为手段的基础上，农业劳动者从本质上说是属于一种企业行为。随着农业逐步现代化，农民生活开始富裕，他们的生活方式也将市民化。特别是到了工业化后期，传统的"城市—工业"、"乡村—农业"的分工格局将被彻底打破，城乡关系将成为以城市文明为主题的融合，并实现了城乡一体化。随着农民生活的提高，农村环境不断得到改造，从当前我国部分乡村脏乱差的现状到村庄面貌的改造提升，再到基础设施和公共服务设施的配套齐全，一直到美丽乡村的建设，这是一个循序发展不断提高的过程。我们在乡村规划教学中要教导学生懂得中国乡村这一发展过程，使学生能掌握中国乡村的发展规律，规划出符合中国国情的乡村。

2.2 中国幅员辽阔，乡村规划建设要因地制宜

中国地大物博，幅员辽阔，东、中、西、南、北生产生活与民俗风情差异很大，区域经济差异更大，各地乡村经济社会各不相同。总体来看，东部沿海地区经济相对较发达，乡村也较最发达，农民生活相对富裕，乡村建设较好，大多成为山清水秀、风景如画的田园风光型乡村。中部地区尽管历史上曾经发达过，也有许多工业城市和传统的农牧地区，改革开放后由于种种原因，传统的农耕生产使许多乡村地区仍处于落后状态。西部地区经济社会基础相对薄弱，总体经济发展水平较低，自然生态环境较脆弱，农民背井离乡进城务工较多，"空心村"、"消亡村"突出，迁村并点、下山脱贫往往是这些地区乡村建设的工作重点。

我们在乡村规划教育中要高度重视不同地区不同民族风情的乡村发展实际，要根据每一地区经济社会发展水平，乡村生产生活的实际情况，深入研究今后的发展趋势，既有前瞻性又很务实地来确定乡村规划教学的理论和实践内容，让学生掌握解决我国不同地区乡村规划的能力和方法。

2.3 乡村规划要学会多规融合，突破传统空间规划的禁锢

乡村规划从根本上来看，是要实现农业现代化，使农民生活富裕，乡村建设美丽。这就势必

涉及乡村的产业、人文、生态、空间、设施、管理等多方面的综合规划。当然，传统的空间规划是城乡规划学科的根本，也是规划设计必须要做的基本工作，这是必须肯定的。然而，要实现农业现代化，首先村庄的产业规划是乡村规划中的重点，也是农民富裕起来的第一要务，从总体上看，乡村主要是发展第一产业，要结合各地乡村的优势和特色，立足当地自然山水、农耕文化，尽量做到一村一品，有条件的村庄也可多业发展。只有乡村经济发展了，才能使农民生活富裕，才有资金建设美丽乡村。其次是乡村规划应进行村庄全域的山、水、田、林、路整体规划，将产业规划落实在村域的整体空间上，保障在农林牧副渔业全面发展的基础上，创造村庄的产业特色。在空间规划中要有良好的内外道路交通系统，有快速的对外出口，有等级分明、宽度适宜的内部道路，停车场地要布局好；合理布局好民居，传承当地建筑肌理，保存好民俗文化风情，尊重村民的生活习俗。再次是配套好公共服务设施和基础设施，使村民能享受到城市市民同等的设施文明水准。最后要确保乡村的生态环境良好。随着工业化、城镇化的快速推进，不少城市工业向村镇转移，污染源也向乡村转移，乡村生态环境恶化情况时有发生，破坏了原有自然山水环境。因此，在乡村规划中要高度重视生态环境规划，严格控制三废，制订生态环境保护规划，这也是空间规划的前提。

综上，在中国经济适应"新常态"和"新型城镇化"的背景下，乡村规划具有综合性，是经济、社会、环境等多学科的交叉和融合，学生要在原有空间规划的基础上，拓宽知识面，学会解决中国乡村规划中的主要问题，也许这就是乡村规划教学对学生培养的目标所在。

王士兰　浙江大学建筑工程学院教授
中国城市规划学会小城镇规划学术委员会主任

当前乡村规划教育需要关注的几个问题

刘　健

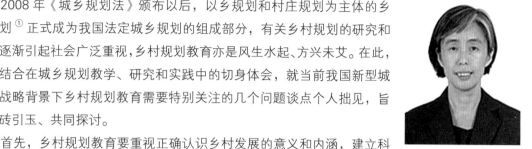

2008 年《城乡规划法》颁布以后，以乡规划和村庄规划为主体的乡村规划 [①] 正式成为我国法定城乡规划的组成部分，有关乡村规划的研究和实践逐渐引起社会广泛重视，乡村规划教育亦是风生水起、方兴未艾。在此，本人结合在城乡规划教学、研究和实践中的切身体会，就当前我国新型城镇化战略背景下乡村规划教育需要特别关注的几个问题谈点个人拙见，旨在抛砖引玉、共同探讨。

首先，乡村规划教育要重视正确认识乡村发展的意义和内涵，建立科学的乡村发展观念。自古以来，城市和乡村就是人类生存的两种主要地域空间和聚落形态，其中乡村比城市拥有更加悠久的发展历史，并曾在人类社会发展进程中长期占据主导地位。尽管工业革命以后，人类社会在现代工业发展的推动下，开始了不断加快的城市化进程，至今已然进入"城市时代"，在一定程度上改变了城市和乡村在人类社会发展中的地位关系，特别是二者在创造经济价值方面的差异日益加大、甚至不可同日而语，但是乡村作为人类生存主要地域空间和聚落形态的地位从未改变，并且在当今世界发展日益重视生态文明和可持续性的背景下，乡村独特的生态价值、生活价值、生产价值和文化价值被赋予了新的重要意义，乡村的可持续发展和城乡的协调发展成为人类社会可持续发展的重要前提，对此需要从人类文明的高度加以认识和理解。另一方面，城市和乡村作为人类生存的两种主要地域空间和聚落形态，在产业结构、人口规模、建设密度、聚集程度等方面天然地存在着显著差异，不可避免地造成城市和乡村在经济生产水平、社会发展机会、公共服务供给、生活环境质量等诸多方面的明显差距，成为现实中大量人口离开乡村进入城市的主要动因，但这并不意味着乡村发展应该或者必然以牺牲乡村独特的"乡村性"为代价，以实现全面的"城市化"或"城镇化"为目标；恰恰相反，乡村发展应在重视保持乡村在经济形态、社会形态、空间形态等方面的独特"乡村性"，充分发挥其特有的生态价值、生活价值、生产价值和文化价值，借助现代科学技术、践行绿色发展理念，努力实现生产方式和生活方式的现代化，做到经济活跃、社会和谐、生态安全、低碳环保、资源高效、生活便利、环境整洁、特色鲜明，使得乡村居民可以和城市居民一样，享有公正的发展机会、公平的社会服务，以及比城市更加优美、环保的生活环境。

其次，乡村规划教育要重视深入调查研究，全面了解农村社会、农业生产和农民生活，逐步建立有关乡村和乡村发展的多学科知识体系，为建构符合我国国情的中国特色乡村规划理论奠定基础。总体而言，我国现行的城乡规划体系基本是以城市规划作为重点，虽然自 1990 年代以来，先后有一系列有关乡村规划的法律法规和规范标准颁布实施，包括《中华人民共和国城乡规划法》（2008）、《村庄和集镇建设管理条例》（1993）、《村镇规划编制办法》（1993）、《村镇规划标准》

---

① 尽管《城乡规划法》将镇规划纳入城市规划范畴，但鉴于现实中小城镇，特别是建制镇，是联系城乡的纽带，与乡村发展密切相关，因此本文所指乡村规划也包括镇规划。

（1993）、《镇规划标准》（2007）、《村庄整治技术规范》《2008》、《镇（乡）域规划导则》（2010）、《村庄整治规划编制办法》（2013）等，但无论是技术路线还是工作方法，它们大都沿袭了城市规划的思路和做法，甚至存在将城市标准简单移植到乡村的倾向，并不能真实反映乡村发展的实际现状和有效应对乡村发展的实际需求。个中原因，主要在于对农村社会、农业生产和农民生活缺乏深入了解，对于乡村在政治、经济、社会、文化等方面相关知识的掌握也不及城市那样系统和全面，特别是农村集体经济组织和村民委员会基层自治组织的管理方式，农业生产的组织方式，以及农村居民的生活方式，因此既无法准确把握农村社会的基本构成、农业生产的基本规律和农民生活的基本状态，更无法据此对乡村的未来发展和空间布局做出科学判断。与此同时还要看到，由于我国地域广阔，各地在自然、地理、历史、文化等方面已是千变万化，不同地区，甚至同一地区的不同地点，在乡村发展进程中形成的发展模式、达到的发展水平更是千差万别，在同一政策指导下的具体工作方式也常常存在显著差异，很难简单地以一种统一模式一以概之。因此，面对乡村和乡村发展，唯有深入实际才能全面了解，唯有全面了解才能在千差万别的现实中发现和总结基本规律，进而建构体系、形成理论，因地制宜地探讨不同的发展模式和发展路径。

此外，乡村规划教育要重视以人为本的理念和参与式规划方法的实践，重视规划编制成果的可实施性与可操作性。与城市相比，乡村聚落一方面具有空间小、人口少、人口和建设的聚集程度低、生产和生活的社会化组织程度低等特点。另一方面受到农村集体经济和村民基层自治等组织方式的影响，居民对于乡村建设发展的参与程度相对较高，包括参与决策讨论以及直接的资金和劳力投入等；因此对于乡村居民而言，关乎乡镇整体长远发展的战略展望型规划固然重要，但是关于每个村庄日常管理的规范型规划和具体项目的修建型规划则因直接涉及其中每个居民的切身利益而更加重要，更能引起乡村居民的关注和参与的热情。这一方面要求乡村规划编制摒弃高高在上的"阳春白雪"和"宏大叙事"，真正脚踏实地地贴近乡村居民的生产和生活，切实关注他们的基本利益诉求，努力做到以人为本和体现人文关怀。另一方面也要求乡村规划编制重视规划成果的实施操作，以便在获得乡村居民认同的基础上，能够将乡村建设发展的规划构想予以贯彻落实。对此，基于居民和社会参与的参与式规划便成为乡村规划方法论的必然选择，对于参与式规划理论与方法的传授和研究也必然成为乡村规划教育的主要内容。

刘　健　清华大学建筑学院副院长
中国城市规划学会乡村规划与建设学术委员会委员

面向乡村规划实施管理的教学研究

朱若霖

我国城镇化建设已经进入了快速发展的时期，全国城镇化水平已超过50％，大量的农村劳动力向城市迁移，一些乡村的居住水平也得到了一定的提高。但"三农"问题却很严峻，乡村的建设依然呈现无序自发的"小、散、乱"状态，具体表现为：乡村建设缺乏科学规划的指导和控制，基础设施、生活配套设施滞后，建筑风格单一、缺乏地域文化特征等。

2008 年 1 月 1 日起正式实施的《中华人民共和国城乡规划法》，第一次从规划引领城乡一体的要求出发，制定了乡村建设规划许可证制度，为统筹城乡规划建设奠定了法律基础。但长期形成的就城市论城市、就乡村论乡村的城乡二元结构，导致从根源的乡村规划设计到后期的规划实施管理都存在诸多问题。

其一，是管理法规层面。2008 年正式实施的城乡规划法第四十一条关于乡村建设规划许可证发放的表述原则，对于乡村规划管理的具体内容、管理模式、乡村建设规划许可证核发的程序与条件等并没有给予明确。这种不确定导致各地操作不一、监管混乱。

其二，是规划编制层面。首先，当前我国广大乡村，因经济条件制约、对规划不够重视等原因，存在着规划缺失的状况。即使像杭州等已经基本实现乡村规划全覆盖的地市，据了解也存在着编制前期未充分征求和反应村民意见的问题；其次，编制过程中缺乏与土地利用规划衔接，造成规划好的用地不符合土地规划；再次，乡村规划缺乏必要的调整修改，未能及时应对变化。这些都最终导致乡村规划质量低，指导性差。

其三，是实施管理层面。我国乡村和城市分布上的最大区别，在于城市的积聚发展与乡村分布小、散、多的特征。乡村规划管理任务重、管理人员素质不高，致使规划执行难、监管难。

针对乡村规划存在的以上问题，在乡村规划编制中应从以下几个方面加以重视。

其一，转变传统的规划编制思路。由"自上而下"向"上下结合"转变。我国乡村一级权力属于乡村自治，村民是乡村建设的主体。但在乡村规划编制实际操作中，规划师却只执行地方政府的指令，依照规划的技术标准和方法进行编制，村民只是一味地被告知、被要求、被接受，自然造成规划实施管理中的抵触。强调"上下结合"的乡村规划编制思路，强化村民在这个过程中的主体地位，规划师作为政府和村民之间的桥梁，从源头解决了规划实施管理中的抵触问题。

其二，改变传统的规划编制方法。乡村规划要从方法上区别于城市规划，立足农村，摆脱形式主义，与规划、国土、环保等多个职能部门加强沟通，在符合土地利用规划的基础上合理编制，决不能闭门造车脱离现状。

面对乡村规划存在的诸多问题及乡村规划编制要转变思路改变方法的状况，乡村规划教学要特别注重加强以下几个方面的教育工作：

其一，乡村规划的编制除应符合上位规划原则外，还要特别注重九届全国人大常委会通过、十一届人大常委会修改实施的《中华人民共和国村民委员会自治法》赋予村民委员会选举、决策、管理、监督的权利。

其二，乡村是城市的一个基础细胞，为了乡村的长治久安，乡村规划除了考虑村民安居（消防、卫生、环保、教育、市政基础设施）的配备标准不低于邻近的城市，还要考虑村民乐业（即经济保障除农业以外的适宜产业）的完善布局。

其三，乡村往往是我国历史文化脉理的集聚地，乡村规划编制要十分注重结合当地的风土人情、民风民俗，使之发扬光大，做到不同乡村各具特色，避免千城一面的畸形发展。

其四，应在规划中积极探索一条把乡村规划纳入公共管理体系（村民委员会也要参与管理）的途径，并尽可能把乡村规划作为上位规划的工作附件，来提高乡村规划地位和管理的抓手。

总之，乡村规划要有真正的生命力，必须是规划研究、规划编制和规划管理的有机统一体，而前提也就是乡村规划的理论和教学的加强。只有这样，乡村规划的成果才能摆脱"纸上画画、墙上挂挂"的命运。经过不断的探索，乡村规划教学将为新时期的城乡一体化发展奠定基础。

朱若霖　上海浦东新区规划协会会长
全国高等教育城乡规划专业评估委员会委员

关于乡村规划教育的几点建议

归玉东

乡村规划作为规划类专业方向课程，课程内容具有综合性、实践性强的特点。涉及我国农村地区的经济发展、城乡规划、土地利用、资源开发、环境保护等，是政策性、综合性、现实性较强的专业课。

乡村规划实操性强。课程与具体的规划与建设行为紧密相连，理论层面的教学内容本身就是规划建设实践工作的总结，源于实践指导实践。因此在课程内容的组织选取上，选择典型性的乡村规划与设计建设实例，才能做到理论联系实际，夯实课程知识体系的基础，取得良好的教学效果。典型性的乡村规划实例应有不同的类型，如北方的，南方的，山区的，平原的，水乡的，荒漠的，有从事牧业、农业、渔业等生产类型的，也有从事旅游、矿业、贸易等产业类型的，还有少数民族聚居村落，城中村等特殊类型，其地缘、气候、资源等条件的差异，其规划思路、方法和表现各不相同。

课程性质与教学建议。乡村规划是城市规划专业的一门专业选修课，课程的教学目的是使学生初步了解规划的基本理论和相关知识；掌握乡村规划编制的一般技术要求和方法，并能结合实际加以应用；熟悉规划实施与建设管理的基本程序，掌握乡村规划管理的核心内容"乡村规划许可证"的审查重点与报批程序；了解党和政府的农村政策，规划技术标准规范及地方规程。根据目前新农村规划建设、村庄整治的基本要求及内容，针对规划的资料收集与分析，建议让学生了解乡村管理组织形式、给排水工程、电力电信工程、沼气工程、环卫垃圾处理工程、防灾安全、旅游资源及风能太阳能开发利用等内容增加教学学习。

从我区开展的城乡规划全覆盖编制工作中看，城乡规划编制单位和编制成果水平参差不齐，部分村镇规划编制质量不高，存在编制内容不全或深度不够、公众参与度不够、上下位规划或相关规划衔接不够、规划分析不到位、规划针对性不强等问题。如村庄规划中普遍存在缺少村庄布点规划、村民意见调查表、现状建筑质量综合分析、规划宅基地面积与建筑形式、上位规划指导意见、村庄规划公示、档案建立等内容以及给排水管径过大、人口增长分析不合理、公共建筑的配套不符合设计规范、拆迁力度过大等问题；个别乡镇总体规划存在缺少竖向、道路定位、环卫设施、综合防灾、旅游、绿地景观等专项规划内容，用地经济技术指标不全、空间管制内容缺失、人口规模的确定依据不足、市政管网规划不合理等问题存在对传统村落保护不够。乡村规划中对古村落的传统格局、文物、古树名木等特色风貌保护的研究不够，未针对性提出保护措施和要求，对弘扬传承并合理利用乡村历史文化遗产不够重视。存在规划实施性不强的问题，村庄规划与安居富民建设结合不够，一些安居富民点的建设不符合村庄规划要求，未进行适当的集中建设。个别村庄的安居富民点已建成，但编制的村庄规划不能尊重现实，没有包含该项建设内容等等。归结一下，需从以下几方面加强引导：

1.掌握乡村规划的任务和内容；乡村规划与上下位规划和国土等相关规划的关系；乡村规划的历史发展阶段。

2.重视村民参与和规划基础资料调查的内容与方法，包括基础测绘知识掌握等，应针对性制定调研内容，制作调查表，做到每户不漏地征求村民意愿。

3.重视乡村规划的表达方式，规划平面图村民看不懂，而鸟瞰图和渲染效果最受欢迎，可与基层干部和村民交流共鸣。

4.重视乡村用地的竖向规划和放线规划，包括各类设施房建间距，乡村交通的特点及道路分类、乡村道路系统规划的内容，有利于按规划实施。

5.重视基础设施工程和防洪工程规划，包括给、排水工程规划、村庄防洪工程规划，村庄电力、电讯工程规划，环卫垃圾处理工程规划。

6.重视乡镇村生产与工业规划、乡镇公共中心布局与设计的形式内容，先进地区的做法等，如何更优化配置。

7.重视乡村景观风貌规划，保存乡村特色。

8.重视与村庄规划管理者的合作，要让他们参与规划的编制，并让他们理解规划目标意图，增强规划的可实施性。

归玉东　新疆维吾尔自治区住房和城乡建设厅城乡规划处副处长

中国城市规划学会乡村规划与建设学术委员会委员

对于乡村规划教学的有关建议

唐曦文

针对目前村庄规划反映出来的，有关教学体系中一些相对薄弱的方面，以下提出一些针对性的建议，其他一般性的要求就不再赘述了，仅供参考。

1 理念

其一，乡村规划的主体是村民，规划师的职责是帮助村民实现阶段性目标，而不是代替他们做决策，更不能超越现有组织方式和管理体系去扮演导师或领路者的角色。

其二，规划师的价值判断和审美取向可能完全不同于村里的农民，但必须主要清楚这之间所谓高低优劣之分，很大程度上是阶段性的诉求差异。乡村规划应该以现实诉求和近中期目标为导向，在较短的时间内取得实施上的进展。

其三，乡村规划在物质要素的建设上容易取得共识，这是规划师目前阶段最能做出贡献的领域，必须牢牢抓住。同时，人文关怀和尊重自然的规划思想，应通过具体的建设手段，逐步融入村庄的发展过程中，为乡村地区的社会建设和自然环境保护提供帮助。

2 方法

其一，要学习乡村特有的组织模式，思维方式和行为方式，用"方言"和村民打交道。

其二，简化规划表达方式，用大家看得懂的图表文字表达规划内容，所谓标准规范等等以结合当地理解、实施、管理为准。

其三，加强与村民沟通的技巧，抽烟喝酒弹棉花，唱歌跳舞玩手机，怎么近乎怎么来。其中，关心帮助孩子可能是最有效的取得信任的途径。

3 内容

其一，应增加农村生活方式的通识教育，对农业生产、农村商贸、居住模式等有个面上的了解，使规划师与村民有更多的共同语言。

其二，应增加农村生活技能的培训，在卫生、安全等方面提高规划师的适应能力。

其三，应增加建造方面的技能培养，特别是民居和公共空间、绿化设施的设计建造能力，同时对道路、水利、环卫等基础设施有相当的了解，在规划中做出统一的安排。

其四，应增加中国传统的教学内容，特别是如氏族、宗族关系等农村社会的组织管理方式；人与自然环境的关系如风水学；农历节气、节日等民俗学。

其五，应增加对现代农村经济发展特点的教学内容，如产品加工、产品物流、农村人口发展与迁移、旅游休闲、农业资金流向、个性化产品生产和规模化生产经营等，规划师们应该有一个系统的了解。

唐曦文　深圳市城市空间规划建筑设计有限公司技术总裁
　　　　中国城市规划学会乡村规划与建设学术委员会委员

"村庄规划设计"教学展望

耿慧志

2008 年《城乡规划法》的实施，使得乡规划、村规划成为明文规定的法定规划，村庄规划在制度层面得到切实的支持和保障。顺应新的发展形势，同济大学城市规划系开展了村庄规划设计的教学探索，先后多位老师参与该门课程的教学，几位主持教授做出了开拓性的贡献。村庄规划设计成为一门独立的设计课程，每周 4 个学时，一个学期下来有 2 个学分。

目前，村庄规划的教学是与城市总体规划捆绑在一起的，理由很简单，与城市总体规划一起，村庄的现状调研更加便利。我们的城市总体规划课程设计多年来一直坚持真题真做，结合城市总体规划的现状调研，能够通过筛选找到比较合适的村庄。通过近几年的村庄规划设计的教学探索，取得了一些宝贵的教学经验，也看到存在的一些不足，在此对这门课程的教学谈几点思考。

村庄规划设计的甲方是谁？村庄规划设计课与城市总体规划设计课的不同之处在于，城市总体规划有确定的甲方，国家的《城市规划设计编制办法》对城市总体规划的编制内容也有明确的规定。尽管结合城市总体规划的现状调研，进行规划设计的村庄是真实的，学生对其的调研也是有的放矢的，包括村庄的实地踏勘、村民的访谈等，同时这门课程也有经过反复讨论而确定的教学大纲，但在教学过程中确实让学生感到有困惑之处，这就是村庄规划设计的成果到底它的服务对象是谁，这些成果真的是有效的吗？究竟应该谁来评价？

培养学生哪方面的专业技能？受制于地形图范围有限、村庄基础状况资料不全等现状已有资料的欠缺，开始阶段的村庄规划设计课程教学更多关注村庄居民点的空间布局，整个设计成果出来之后，整体感觉更像是修建性详细规划的基地换到了农村。之后加强了村庄基础资料的完备性，更强调村域的土地使用、基础设施、产业布局等方面，村庄规划设计的成果更加全面了。同时也引发了更深层次的思考，到底这门课程培养学生哪方面的专业技能，物质空间设计技能是一个核心点，不能放松。除此之外，涉及村庄的生产组织、村民的技能培训、农产品的市场营销等诸多方面，规划设计教学究竟可以有怎样的作为？

如何把村庄规划设计做深做透？这几年的教学下来，每一年都会做一批村庄，分布在不同省份、不同地区，基本都是从最基础的现状摸底开始，通过组与组之间的交流，对于拓宽学生的视野是大有裨益的。但这种模式也产生了一个问题，就是往往浅尝辄止，对一个特定村庄的长期跟踪不够，很难把村庄规划做深做透。因此，后续我们还需要进行更努力地探索和尝试，与村庄的地方需求相结合，发展几个村庄规划的教学基地，长期跟踪，每年的问题和重点有所差异，加强村庄规划设计教学的深度。

村庄作为我国最为基层的民间自治组织，其规划设计能够承担十分广泛的职能和责任，而且更有条件真正做到自下而上的规划，从村民的生活需求出发，从村民的发展诉求着眼，为村民理解和接受并在实践中落到实处。这是一个宏大的系统工程，村庄规划设计的教学不可能做到全部，需要在有限的教学时间里做好平衡和协调。我们已经进行了有益的、具有开拓性的尝试和教学实践，如何使我们的教学更接地气，为村民的需求和村庄的发展提供更加有益的建议，期待有那么几条措施能够被村民接受和采纳，同时学生的专业技能也能得到扩展和提升。这将是我们后续教学的努力方向。

耿慧志　同济大学城市规划系副系主任、教授

乡村规划教育中的乡调实践随想

陈　天

"农村是一片广阔的天地，在那里是可以大有作为的。"

——毛泽东，1955 年

2011 年，在教育部公布的新的学科目录中，国务院学位委员会把城市规划专业改称为城乡规划，并正式作为一级学科。自此，乡村地区的规划开始受到广泛关注，规划学科的教学工作也逐渐向广袤的乡村倾斜。从城市规划到城乡规划，再到乡村规划，青年学生的专业教育也面临转型。青年学生可以利用寒暑假和课余时间进行乡村生活体验、了解乡情民风，同时从专业角度进行乡村社会调研，考察乡村环境，对乡村进行直观的感受。同时力争将规划教学与地方村镇规划工作紧密契合。

1 从乡建运动，到乡调运动，再到乡测运动

随着社会和经济的不断发展，以往政治运动或快速城镇化为导向的粗犷型乡村建设已无法适应新发展环境下乡村人民物质文化生活的需要，在新常态背景下乡村建设如何转型已成为城乡规划学科的重要课题。与城市规划的出发点不同，由于乡村的物理环境及社会文化组织结构都与城市有较大的区别，乡村规划更需要接地气，即从乡村出发，深入了解乡村的生产方式、业态组成、居民生活习惯、人际交往习惯等。乡村规划的空间组织结构、建筑形式和管理方式等都与城市有很大的不同。现在青年学生在专业学习中接触的大多是城市建成区范围内的规划编制理论与方法，习惯了高密度、高强度的规划方式，对低密度的乡村规划和乡村建设都缺乏深入了解，因此扎根到乡村基层的实际调研显得尤为重要。

实地调研是规划建设的第一步，调研对规划的可操作性具有直接影响。深入调查分析相关村镇的现状，翔实准确的现状分析、深入细致的综合研究，是编制规划的出发点。乡村规划的问卷、走访以及调研等和城市调研会有较大不同，目前大部分学生对于农村、农民、农业并不熟悉和了解，因此前期调研做好功课，设计出符合农村特点、能准确反应农村生产和生活方式、民俗习惯等的调研计划显得极为重要。而乡村规划中，"乡"的规划和"村"的规划又有很大不同，只有深入到实践中去，做到实事求是，才能做出符合乡村发展的规划，才能使规划不再是简单的"墙上挂挂"，而是扎根现实，变为真正落地的规划。

乡村地区范围广阔，很多具有较为悠久历史传承的乡村，遗留有大量具有历史价值的建筑或构筑物，并与其所处的自然环境融为一体，是最宝贵的文化资源，是建设特色乡村的重要文化基因构成。目前我国存留有 5000 多传统历史文化村落，通过教学研究环节，对具有传统特色的村落或建筑物、构筑物等可以组织相关的数字化测绘活动，可以让学生直观的接触第一手资料，对历史文化遗产进行更加深入细致的研究，加强学生古建筑与传统村落空间组织认知的提升有重要作用，为日后的规划、保护等研究留下珍贵资料。

2 乡调乡测教学内容构想

乡村实践调研主要针对的是城乡规划专业本科生,他们可以在大二或大三暑假期间,选择七到十天左右,由教师带领赴所在城市乡镇典型村庄进行调查。调研活动可以通过当地政府协调,教育教学部门组织,可以安排学生在调研的乡村就近居住,便与深入了解乡村地区的生活环境和生活方式。

实践调研内容主要是三个方面:

1. 乡村的基本发展情况。实践调研首先要弄清楚影响乡村规划的基本情况,如人口、经济等。人口方面需要调研乡村人口年龄比,家庭成员构成,特殊群体、低收入贫困群体、老幼残群体构成等;经济方面需明确居民主要收入来源,经济产值构成,农业,工矿业,服务业,旅游业等各个产业发展特点等。

2. 乡村的基本建设情况。主要包括乡村建设现状、公共服务、历史文化保护、周边环境等。通过调研掌握乡村建筑、道路以及基础设施等的建设现状;了解义务教育、医疗卫生、老年活动等公共服务设施的建设;着重调研(国家省级地方)文物建筑与设施保护情况、损坏情况、历史街区规划保护实施状况,以及非物质文化遗传保护等;耕地资源的使用与保护与流失情况、自然环境资源利用与保护状况、动植物种群情况、古树名木分布、水土保持与流失状况、土壤和水体空气质量状况等都是乡村规划调研中必不可少的一部分。

3. 乡村管理与治理现状。通过访谈与交流了解地方政府的建设管理情况,对管理能力与管理效率进行分析评估,明确乡村特色和发展方向,综合分析总结现状存在的问题,提出有针对性和建设性的改进方案,完善乡村规划管理的系统性和科学性。

调查方式主要以现场走访、问卷调查为主,结合统计部门资料,通过与基层干部、村民进行访谈,深入乡村内部,获取第一手资料。除此之外,针对有历史价值的重点乡村的历史文化街区,文物建筑,教学单位会同地方文物规划管理部门,利用三维扫描仪进行数字化测绘,采集整理数据,绘制专业测绘图存档。学生在调研结束后提交调研成果报告,计入学习学分成绩。调研成果报告主要包括乡村发展现状、建设现状、公共服务设施、历史文化资源、周边环境现状、重点建筑、街道测绘数据等。

成功的乡村规划一方面要必须扎根于深入细致的实践调研,关注从自然生态到人文资源的各个方面,从细节入手,摒弃直接挪用城市规划中惯用的调研方法;另一方面,乡村规划解决问题的手段往往可能是自下而上的方式,只有让农民了解、弄懂并理解规划的目的,才能让规划成果融入当地居民的生产生活之中。规划要用柔性的方式引导村民,通过合理的政策与措施实现规划与治理目标,提升乡村的生活质量,让乡村生活不再是贫穷落后的代名词,而是自然、生态、高品质生活的代表。可以相信,未来的城镇化过程不应当只是农民市民化的净流入过程,成功的乡村规划可以吸引城市居民返乡置业生活,对缓解城市人口压力,改善居住环境具有重要意义。乡调过程中青年学生与农村、农民的交往与沟通对于知识的理解与传播,对于情感的沟通与融合,建立互信都具有重要的社会意义,未来乡村规划教育大有可为。

陈 天 天津大学建筑学院教授

中国城市规划学会乡村规划与建设学术委员会委员

小议乡村规划的几个难点

袁奇峰

城市规划改为城乡规划久矣，乡村规划编制也红红火火了一阵，但是多数乡村规划只是政府和规划师一头热，村民却普遍不知道有什么用，也不愿意遵守。这就提出了几个问题：乡村是否应该规划？应该是什么类型的规划？应该由谁委托、如何规划？

1 乡村规划为何

我们需要乡村规划吗？回答是肯定的。一方面乡村本身需要建设基础设施、公共服务设施，从改善生活、生产环境出发，需要有乡村规划体现集体理性。另一方面，政府从保护耕地、控制农业用地随意转用出发，希望建立统一的空间规划体系，对所有的建设行为进行引导，所以也需要乡村规划依法控制。

这就涉及乡村规划的出发点究竟是在政府层面对农村建设用地的管理，还是对农村自身社会经济发展用地安排的问题？显然，要看项目是由谁委托的。

2 乡村规划何性

为什么很多由政府委托的轰轰烈烈的乡村规划没有用呢？原因是中国特有的城乡二元土地制度，农村集体土地属于农村集体所有，而现有城市规划体系都是针对国有或者计划转为国有用地的土地。地方政府编制的发展规划、开发规划满足了土地征用、国有土地开发和城市经营的需求，乡村规划和我们习惯的城市规划显然不同。

农业地区，集体土地主要是生产资料的农地、生活资料的宅基地。村庄建设用地主要为满足农业生产和日常生活需要，相对单纯，但是由于没有发展的动力，简单的乡规民约就可以了，一本正经的乡村规划基本无用。

工业化地区，集体土地包含了作为生产资料的农地、生活资料的宅基地和准资本状态的经营性集体建设用地，发展动力强劲，但是农民已经了解了土地价值，政府用以控制和获取土地的规划和农民利益博弈最为剧烈，大量违章建筑和违法土地转用屡禁不绝证明了乡村规划无效。

城市化地区，集体土地主要是生活资料的宅基地和准资本状态的经营性集体建设用地，发展动力极其强劲但是受制于集体建设用地属性而无法实现资本价值，只能在帕累托改进的前提下满足农民利益的前提下将其纳入国有发展用地一并纳入城市规划了和乡村规划无关。

由此看，乡村规划最关键的是要解决乡村发展的动力问题，以及二元土地制度下农村和农民的土地发展权问题，否则规划只能成为鬼画。

3 乡村规划何为

大量常态的乡村规划和政府委托的迁村并点、抗震救灾规划也不同，这两类特殊的乡村规划都是建筑师更擅长的修建性详细规划。工业化和城市化地区的乡村规划才是真正的挑战。

1958年社会主义改造确立了农地农有、农地农用的制度，但是被改革开放后乡镇企业土地转用打破，让农民尝到了土地转用的甜头，所以1990年代土地财政背景下土地征用制度加剧了围绕土地发展权的城乡冲突。2000年以后，面对国家严格的土地指标控制，地方政府主导的园区工业化与集体经济组织主导的乡村"租地"工业化在土地利用方面开始"短兵相接"。城市扩展、新区开发等城市政府征地导致的冲突与矛盾频发，发达地区"统筹城乡发展"的焦点日益集中在土地政策上。政府与农村集体经济组织之间在征地问题上的谈判成本和支付成本也越来越大。眼下正是旧制已破、新规未立的时候。怎么办？

3.1 严格控制"农地转用"

中央政府必须进一步强化农地转用的纪律，以划定城乡利益边界；在明确农民对土地的经营权的前提下，尽可能保护生态农地。农地转用要明确城市周边土地升值是人口聚集、基础设施建设的结果，因此农地转用价值增加部分应该"涨价归公"。

在土地价值实现过程中应该要妥善安排失地农民的出路，保障其生存权。农村集体土地属于农村集体所有，而在计划经济时代三级所有、队为基础的制度安排下，农村集体指的是现在的村民小组。广东所采取的在征地中给农村集体组织保留一定的集体建设用地看来是解决这个问题的出路之一。通过支付一代人的城市化成本，逐渐培育市民社会。

3.2 划定建设用地、城乡利益边界

划定城市扩张边界：以"三规合一"中的基本农田边界作为"农业型战略性生态空间资源"的刚性边界。一般农田为城乡建设用地扩张的缓冲地区，作为城市扩张的承载空间，但对于建设规模和力度、项目类型和质量要严控。

划定村庄发展用地：以集体工业用地和农村居民点用地为基础，但这两者中存在大量的违法用地，既有农民对土地租金的主动追求，也有政府征地许诺的留用地难以落地而导致农民的主动转用等原因。作为激励机制，村庄发展用地的划定必须结合违法用地治理进行，明晰城市边缘区村庄发展权，并制订发展权转移的体制机制。厘清城乡利益格局，明确城乡、建设用地与农地边界，严格管理措施。

3.3 赋予合法"集体建设用地"完整权利

积极推进合法的集体建设用地使用权制度的创新，赋予农村集体建设用地完整产权，使其可以"同地同市，同地同价"自由进入土地市场，实现土地从低效的可出租资产到可流通的资本的转换。

地方政府可以采用"不求所有，但求所在"的政策，在土地资本化过程中，在土地增殖部分与农民构筑利益共同体：通过市地重划，在支付市政基础设施、公共设施分摊成本的前提下，引入社会资本。让农民以集体建设用地置换与市场价值相当甚至略高的物业，在保障土地使用效率的同时让集体经济可以持续发展，为政府培养税基，而不管税基是在集体土地上，还是国有土地上。

为避免集体建设用地入市冲击城市储备土地出让，要将其纳入城市土地年度开发计划。集体建设用地入市后的需要设定税收制度调节，避免加剧财富分配差距。还要推动农村社会组织向城市社区转化。

4　小结

只有在解决了这一系列"顶层设计"之后，乡村规划才能够开始考虑所谓乡村的功能结构、形态形象等"规划设计"问题。

袁奇峰　中山大学教授、教授级高级规划师

中国城市规划学会乡村规划与建设学术委员会副主任委员

乡村规划的特点及其对规划师的要求

史怀昱

乡村规划对于我们这一代的中青年规划师来说是相对陌生的，一方面我们这一代规划师多数都来自于城市，极少有乡村生活的经历；另一方面，在近一、二十年当中，中国正处在城镇化发展的快速时期，从社会发展的诸多方面来看，城市一直是发展中的重点，与此同时，规划师的设计任务和关注点也一直聚焦在城市。

而随着"生态文明"、"新型城镇化"等理念的提出，转型发展已经成为当今社会的主题。以往对于乡村地域的忽视也逐渐被关注所取代，越来越多的人关注"三农"问题。规划师对于乡村的了解，也不再是中心村和基层村的几个概念，从探索乡村规划的编制到诸多农村问题的关注，规划师正在为乡村发展贡献着自己的一分力量。

从2013年开始，我院开始着手全国试点荆川村的村庄规划课题研究以及陕西省古村落的全面调研，这些努力为我们后来的乡村规划积累了不可或缺的经验，也让我重新认识陕西农村的存在问题和发展困境。在这里将个人基于陕西省村庄建设和发展的一些思考与各位同行进行探讨。个人以为，要真正做好一个实用的村庄规划，作为规划师首先应当做好以下三个准备。

其一，应当做好规划思维方式的转换。如果将城市看做一个个巨大的复杂系统的话，那么村庄只是一个细胞，它曾经孕育了城市，而如今却逐渐在萎缩，失去活力。从直观上来对比，村庄在规模、发展动力和内部体系都远不如城市，倘若我们依然采用城市规划的思路和方法，那势必会导致村庄规划无法实施和落地的结果。

其二，客观认识村庄的发展现状及成因。农村地域的发展有其自身的发展规律和特征，只有在了解这些基本原理的基础之上，才能客观认识村庄发展的现状情况。例如，村庄的分布和规模是和耕作条件相关的，陕西关中地区的自然村落的平均规模在100户左右，耕作半径约500米；而陕南山区的村庄由于耕作条件较差，自然村落的平均规模在30~50户，耕作半径往往在1~2公里。此外，地域文化、社会关系都与区域发展条件有一定的关系。在村庄规划中，只有深入了解和分析了这些情况，才能更准确和客观的认识和评价村庄发展的现实状况，才有可能为后续的发展思路提供合理的依据。

其三，充分了解村民的发展意愿。村庄规划可以说是规划师为每一位村民的生活和生产提供的发展方案，不仅是由于村民的发展需求个体差异较大而必为之，更是由于村民数量相对较少而使得一对一的需求了解成为可能。目前，大多数的村庄规划都能做到逐一入户调研，让规划师直接了解村民发展的需求和意愿，为村庄规划积累了最基础也是最全面的规划要求和条件。

在做好以上三项准备之后，规划师应当发展自身的专业特长来切实为乡村区域做适合的规划和必要的规划。陕西省的做法是先进行村庄布局规划，解决村庄的迁并和各类设施协调，并在此基础上开展村庄规划。村庄规划中的重点，则多集中在村容村貌整治、产业发展、设施安排等方面。下面就村庄规划编制中的方法谈几点看法。

首先，村庄规划中要注重共性和差异的结合。当我们将村庄与城市相比，我们会发现村庄的很多共性；而当我们将村庄与村庄进行对比时，则会发现村庄之间的差异。共性有助于规划师对于村庄基本需求的满足，而差异则有助于规划师在编制村庄规划中能够体现村庄特色。2003 年至2005 年，陕西省曾推动过一轮新农村建设，而当时大多数的村庄规划仅仅只关注了村庄的共性问题，因而导致村庄规划千篇一律，村庄建设毫无特色。

其次，村庄规划应以问题为导向。当前乡村地域的发展存在诸多的问题，而且发展情况各异，在村庄规划中采用问题导向的研究方式，有利于规划师找到规划的切入点，更易于抓住重点为村民解决实际问题。同时，相对于完善的城市规划体系来讲，村庄规划不论在层级还是类型上都相对较少，多以建设规划为主，这也就要求村庄规划要解决重点问题，增强规划的实施性。

同时，村庄规划成果一定要通俗易懂。与城市规划不同，村庄规划的执行方不是地方政府而是村民，因而村庄规划成果在满足基本的技术要求基础上，还要通俗易懂，也就是让村民能够看得懂，能接受。目前，国家尚未出台村庄规划的编制规范，各省市根据自身的发展现状和相关政策制定了诸多的地方技术规范，规范当中对于规划成果的要求，基本还是更多参照城市规划的成果要求，这势必会影响到村庄规划的指导作用。因而，村庄规划的编制，不宜拘泥于一种模式，更应注重方便使用。

史怀昱　陕西省城乡规划设计研究院院长
中国城市规划学会乡村规划与建设学术委员会委员

成都乡村规划实践及城乡规划教学的建议

张 佳

长期以来，我们对乡村规划重视度不够，曾经简单地将城市规划的理论和设计手法直接应用于乡村地区，忽视了乡村地区的地域特征和生态本底。成都统筹城乡发展始终坚持以科学规划为先导，不断进行乡村规划的探索和实践，比较有效地解决了城市与乡村之间、经济与社会之间、人与自然之间的矛盾与冲突，初步构建了新型城乡形态。

1 成都市的乡村规划理论探索

2003年3月开始，成都市开始了城乡统筹的发展步伐，要求加快城市化，处理好科学规划、产业发展、政策配套、身份转变四个关键问题，在农村地区，按照"宜聚则聚、宜散则散"的原则，因地制宜建设农民新居。成都市在乡村规划的探索和实践过程中，城乡规划理念经历了四次跃升：第一次跃升从城市规划到城乡规划，第二次跃升从城乡规划到全域成都，第三次跃升从全域成都到世界生态，第四次跃升从"世界生态田园城市"迈向"宜居生态的国际化、现代化大都市"。统筹城乡发展的核心是城乡产业协调发展，乡村产业布局的原则由区域统筹、产镇一体升级为产村相融、居产贸游一体化。通过总结灾后重建的实践经验，创新了乡村规划"小规模、组团式、生态化"的成都新农村规划布局模式，打造"微田园"的新农村乡土环境。

2 成都市乡村规划实践的方法和措施

2.1 分层次、跨区域推进新型城镇化

在构建6个层级全域成都新型城乡城镇体系（1个特大中心城市、8个卫星城、6个区域中心城、10个小城市、若干个特色镇和农村新型社区），形成大中小城市和小城镇协调发展格局的基础上，充分结合特色镇和农村新型社区在市域城镇体系中所占比重大、数量多，且在空间上呈现分布广的特征，打破行政边界，以地域产业边界为规划单元合理引导镇（乡）、村协调发展。

2.2 推进农业现代化为新型城镇化提供基础保障

农业现代化是实现农村转型升级的关键，现代农业改变了农业的生产生活方式，释放了农村劳动力，促进了就地城镇化。成都确定了十个十万亩规模农业基地，七个产村相融现代农业精品园和三条都市现代农业示范带，形成现代化农业基础格局。在此基础上编制了全域村庄布局总体规划，设置了2800多个社会主义新农村，提出以家庭农场为基本细胞单元划分产村细胞，并且在规模上与对应聚居点的人口规模相匹配，保障充分就业，实现产村相融。

2.3 坚持"多规合一"

成都市以"三规合一"（国民经济和社会发展规划、城市总体规划、土地利用规划）为基础，提出了"多规合一"的规划要求，整合各部门资源，坚持各类规划编制的协调一致，确保总体规划、土地利用规划、产业发展规划和生态保护规划、基础实施规划等协调统一、操作可行，将其中涉及的相同内容统一起来，并落实到一个共同的空间规划平台上。按以人为本、因地制宜的原则，实行规划问题动态更新管理，保证规划优化最大化。坚持"近山、上坡、进林盘"思路，制定农村新型社区规划选址指导意见，保障节约耕地、安全选址，指导农村新型社区科学建设。

2.4 坚持生态优先

在规划过程中，成都市始终坚持生态优先，环城生态区是成都市城市总体规划确定的，沿中心城区绕城高速公路两侧各五百米范围及周边七大楔形地块内的生态用地和建设用地所构成的控制区。2012 年，成都市制定了《成都市环城生态区保护条例》（以下简称《条例》），经省、市人大会常委会审议批准，2013 年 1 月 1 日正式实施。《条例》的制定开创了国内针对单一规划立法的先河，明确以城乡统筹的思路和办法进行生态保护和建设，逐步形成绕城高速两侧 200 米生态带。环城生态区具备以下主要功能：生态保护功能、水资源调蓄功能、市民休闲功能、文化景观功能、城市应急避难功能，大力推进拆迁工作，因地制宜、同步植绿，逐步形成绕城高速两侧"显山、露水、亮田、透绿、景美"的生态空间。

2.5 保护自然生态本底和历史文化要素

为保护核心生态资源、防止城镇无序蔓延、维护市域生态格局、保障市域生态安全，成都市要求各镇村规划要依据成都市所确定的"三线管理"相关控制要求严格控制，"三线"即生态保护红线、城镇用地边界线、工业集中发展区（点）范围线。规划建设活动不能跨越生态保护红线的刚性管控范围，保护范围内用地主要承担生态保育、农林生产、旅游休闲等功能，严格控制建设项目选址。在规划建设过程中特别要保护湖塘、树木、林盘、山体、地形地貌、自然水体等自然景观，特别是充分体现了天府农耕文化特色的川西林盘；还要保护传统村落、乡土建筑、历史环境要素以及承载着人类文化和记忆的非物质文化遗产。

2.6 完善制度保障

一是，首创乡村规划师制度，向全市各乡镇派驻乡村规划师，代表乡镇政府履行规划职能，有计划、分步骤、针对性地开展乡村规划指导工作。成都市定时组织形式多样的培训和交流活动，不定期组织全体乡村规划师参加大型培训及外出学习，不断提升乡村规划师们的业务素质。2010 年至 2014 年以来，全市乡村规划师围绕"六大职责"，在规划建议、规划编制、建设项目把关、规划实施服务等方面，共向当地政府提出规划意见建议书 1052 份，代表乡镇政府组织编制规划 454 项，参与审查乡镇建设项目方案 1897 项，向当地政府提出改进规划工作的建议和措施 1295 条。

二是，技术标准保障，随着灾后重建规划实践探索的不断总结提升，成都市不断完善村庄规划编制及管理技术标准，重点围绕乡村地区生态稳定、产业提升、特色塑造、形态丰富、文化传承、体现乡愁等方面进行总结提升，构建规范＋导则＋地方标准的规范标准体系。形成《成都市城镇及村庄规划管理技术规定》、《成都市镇村规划技术导则》、《成都市镇规划编制办法》、《成都市村庄规划编制办法》、《成都市乡村规划控制技术导则》等一系列标准体系。

三是，专项资金保障。市财政每年专门安排全市一批乡村规划专项资金，主要用于乡村规划师社会招聘人员年薪补贴，乡村规划师及全市基层规划工作人员培训、生态及历史文化名镇、名村保护专项规划，镇（乡）村规划、农村新型社区示范项目规划、一般场镇改造规划、灾后恢复重建实施规划等编制经费的补贴，优秀乡镇、村规划设计成果的评选和奖励经费补贴等事项。从2010年至今全市共发放乡村规划专项资金约9800万，同时区县政府匹配了近2亿元投入乡村规划编制管理，起到了"放大效益"。通过市级层面的积极引导推动，全市逐步形成了一批以都市农业为主体成片连线发展的乡村规划实践示范区。

3 对乡村规划教学的几点建议

3.1 乡村规划应注重政策性教育

农村问题向来受到中央的高度关注，近几年来的中央一号文件体现了中央对农村地区的政策倾斜和对农村地区建设的高度重视。乡村规划因此要特别注重结合国家有关政策，如集体土地流转使用、土地综合整治、对产业的奖励和补贴政策等方面的政策，都是激发建设行为的重要基础。乡村规划要时刻关注国家方针政策，服从国家的战略部署，将政策转化为具有可操作性的规划理论、设计规范、设计导则、技术管理规定等，这样才能落到实处。

3.2 乡村规划应满足农民的意愿

乡村的主体是农民，农民群体构成复杂、数量庞大、意愿有差异，意识形态和对事物的认知层次不高，乡村规划的关键是尊重民意，切实解决老百姓最关心的规划问题。因此，规划过程要让群众全程参与，实地了解群众需求，接受群众监督。在规划选址阶段做到入村到户征求群众意见，组织村组及群众代表参与讨论；在规划设计阶段要让群众行使选择权。规划设计方案的确定，应采用多方案比选的方式，经群众代表集体商议同意后，按照群众意见进行方案的深入和优化；在规划实施阶段，要充分发挥群众监督作用，对规划实施的重要环节进行监督。

3.3 乡村规划应注意与城市规划的差异性教育

城乡规划教学应注重城市规划与乡村规划之间的关系和区别，城市规划积累的很多理论和方法不能照搬到乡村规划中去。乡村地区是亲缘关系社会，产业以农业为主，农产品加工为辅，服务业发展水平较低，村民日常生活和出行的范围有限，具有多样的传统习俗和风土人情，与城市社会的特点有较大的不同，在规划过程中要不断探索适合农村地区的规划方法。乡村规划要让农民"住上好房子"，构建一三产联动、"居产贸游"一体的产村相融的产村单元体系，以发展产业作为乡村发展的引领，才能避免农村建设的"空心化"问题；乡村规划要让农民"过上好日子"，要解决公共服务设施向农村延伸的问题，配套设施不仅要实现均等化、满覆盖，而且要注重资源共享、综合集成，避免重复建设。

3.4　乡村规划应强调可实施性和可操作性

做好乡村规划首先要对规划区域内的经济发展水平、产业发展基础、农民生活习惯、自然资源、历史文化要素等方面进行全面的了解和把握，不宜就规划论规划，应该就乡村地区发展的动因，选择主导产业，充分挖掘村庄自身独特的资源优势，制定出引导产业发展的战略，并在空间上予以明确落实。在乡村规划中应该把握村庄特色，强化村庄的识别性、认同感和归属感，选择适合村民生活方式的建筑结构和风格。村庄规划是一项实施性的规划，要根据村庄的经济能力和建设水平，结合国家土地政策和产业政策，才能保证规划的可实施性。

3.5　注重规划理论到乡村规划实践的转化

相比城市，城市规划专业出身的规划师对乡村地区的发展现状和规划理论了解的更少，而乡村规划要求规划师要立足现实、解决实际问题。由于历史原因，乡村地区发展不平衡，历史遗留问题较多，而农民群体也存在一定的特殊性，所以乡村地区的规划工作事实上是需要面临和处理大量的政府、集体和个人的利益矛盾问题。乡村规划是一个"自上而下"、"自下而上"相结合的规划，是一个"多规合一"的规划，是一个充分结合现场的规划，是一个全过程的规划，是一个创新型的规划。乡村规划的理念需要在实践过程总不断的探索和创新。因此，乡村规划教育中，要非常注重规划实践，鼓励亲自参与实际的乡村规划工作，而不要局限于模拟性的教学实践。

张　佳　成都市规划管理局局长
中国城市规划学会乡村规划与建设学术委员会委员

乡村规划要顺应乡村发展客观规律

赵景海

乡村是空间结构相对简单的一种聚落形式，这不意味着乡村规划问题是一个简单的问题。事实上，在目前社会转型重构、城镇化快速推进的历史时期，乡村较城镇面临更多的问题和挑战，并且尚未具有普遍意义的较为清晰的解决路径。城乡规划管理和编制人员对乡村地区的生产生活方式和社会、生态环境的不熟悉，往往使乡村规划"药不对症"，甚至产生负面影响。

乡村规划管理首先要认识乡村发展的多样性，认识到"盆景"或者"绿洲"式的"明星村"、"特色村"等并没有普遍的推广意义，而"城中村"、"城边村"随着城镇化的进程，更多地表现为城镇的特征。当我们面对一个真实的乡村，需要"解剖麻雀"，提出切实可行的规划对策。

城乡规划被认为是一项公共政策，在乡村自组织能力较弱，发展问题突出的背景下，乡村规划是必要的，这也是城乡规划法的要求。

规划编制管理方面，目前乡村规划主要有三个层面的规划类型：宏观层面（相对而言）的村庄发展（乡村居民点）布局规划，中观层面的乡规划和村规划（乡村建设规划），微观层面的乡村综合整治规划。由于推进城镇化及普遍存在的乡村劳动人口流失乃至"空心村"现象，乡村居民点体系的"优化"、"迁并"成为一个时期一些地区乡村规划的重点。实际上这也是一个世界性的难题，我国由于生产、生活方式和户籍、土地、社保等制度约束，能够真正实现规划设想的很少，而且基本处于城郊乡村。乡村居民点布局还涉及区域基础设施、公共服务设施投入的效率和公平，一些地区公路"村村通"的低效，乡村学校撤并带来的问题和争议，迁并后土地等资源重新分配引发的矛盾等，都表明问题的复杂性。由于宅基地、基本农田等要素限制，大量对乡村空间结构和用地功能做较大改变的乡村建设规划注定是不可实施的。目前较为实际，真正起到改善乡村人居环境作用的规划设计类型是乡村空间环境综合整治规划，特别是具体的街路整理、排水系统和环境卫生设施建设、公共空间营造等具体设计确实产生了很好的效果。

乡村规划编制管理中，编制规范、技术标准和"导则"等有关规范性文件的出台，对于保证编制成果的规范性具有重要意义，但也被批评导致了"千村一面"。这就要求这些规定不能过于强调技术细节，应当符合乡村发展的实际需要，更多的体现"保底线"。编制过程中，专业技术与村民意愿的结合是普遍面临的一个问题，编制组织主体乡镇政府有发展的需求，编制人员是具有精英意识的知识分子，农民又是最注重实际利益的一个群体，"包办"不可取，无原则迁就农民意愿也不能保证规划对乡村现代化的引导功能。成就一个各方都能接受的成果，大量交流、协调、沟通、说服工作必不可免。好的规划，其成本也会很高。

根据城乡规划法，乡村规划实施管理的主要手段是乡村规划建设证的核发。对于企业、公共设施发放许可是法定的，而自有宅基地的村民住宅建设却面临两难，发放许可，行政成本、农民申请成本都不低；不发，对于缺乏严格守法意识的村民是否能够按照规划或者要求建设、邻里间能否避免摩擦却常常存在疑问，而且在一些地方还可能会影响到将来产权的办理。理论上讲，如果规划或者建设要求比较完善明确，村民自治能力较强，乡村规划许可完全可以取消，但现实与理论假设往往相距甚远。

规划管理中一个重要原则是保障村民的利益，这类的保障制度也需要根据各地实际进行设计。例如，规划编制和管理过程中的村民参与，乡村规划是由全体村民还是村民代表会议参与表决；村民住宅建设，除直接相邻的邻居外，是否需要更多的村民表态，如果邻里关系恶化，坚决不同意邻居盖房又如何处理。这些都是没有标准答案的。

目前，对乡村发展和规划的研究还很薄弱，真正有指导意义的乡村规划编制成果还不多，乡村规划管理人员更是奇缺。与城镇化一样，对于乡村的规划和发展要有"历史耐心"，那种不顾乡村发展实际约束条件，违反发展规律，仅仅为了反映"新农村"风貌，试图"一蹴而就"，一劳永逸解决乡村发展问题的乡村规划是不现实的。乡村规划问题非行政力量不足以推动，市场缺位难以成功，社会协调缺失又难以持续，需要有综合治理的理念。

赵景海　黑龙江省住房和城乡建设厅规划处处长
中国城市规划学会乡村规划与建设学术委员会委员

乡村规划

——乡村规划特征及其教学方法与2014年度同济大学教学实践

村庄规划设计任务书

1 概述

根据《城乡规划法》规定，以及城乡规划学的学科建设及培养方案要求，开设村庄规划设计课程，分为实习调研和规划设计两个环节。实习调研结合综合社会实践（二）进行，单独打分和成果归档；乡村规划设计为每周单独课程，期末单独打分和成果归档，时间为周五下午4节课。

2 乡村规划实习调研

应立足于快速城镇化和推进城乡统筹发展、建设美丽乡村的宏观背景，结合城市总体规划课程选择具体村庄，调研村庄发展的现状及面临的主要问题，剖析问题的根源并提出村庄发展的可能建议。

2.1 组织方式

由每个城市总体规划教学小组的指导教师，根据城市总体规划课程的实际情况，选择1个或多个村庄，安排小组同学分组展开村庄调查研究工作。每个调研小组应包含3~4位同学，且每个调研小组应提交1份独立完成的村庄调查研究报告。即使多个调研小组就同一个村庄展开调查研究，也应分别完成各自完整的村庄调查研究报告。

原则上，该项研究报告应在实习期间完成调研工作，并于城市总体规划课程的中期考核前完成并提交报告和完成展板制作，具体制作方式和规格另行通知。

调研报告的成绩，原则上由各小组指导教师评定，随纸质和电子成果作为综合社会实践（二）共同归档。

2.2 调研内容

村庄调研小组应对调研村庄的区域社会经济发展背景和自然条件、宏观区位和交通条件、村庄人口及流动情况、村庄经济状况和土地使用情况、村民收入来源和生活水平、村庄社会组织情况、村庄居民点的建设及分布情况、村庄的公共服务设施及公用基础设施状况等内容，展开系统而深入的调查，并聚焦于揭示影响村庄发展的重大问题及其成因机制，综合运用现场踏勘、访谈或问卷、统计等多种方法展开剖析，可尝试性提出解决问题的思路及措施，并论证其可行性。

2.3 成果要求

原则上，村庄调研应至少绘制现状图，比例在1：1000~2000，应包括宅基地、不同用途的农地、主要的权属划分等。在用地分类方面应参照《镇规划标准》和《土地利用现状分类》，并结合实际调研需要增加适当图例表达,避免简单套用城市用地分类标准。对于缺失村庄边界和电子地形图的,建议可参考网上卫星或遥感图片资源进行绘制。该项要求重点训练同学们绘制村庄现状图的能力,并通过此环节深入理解乡村地区与城市建成区的明显差别。

调研报告的字数大约为 8000~10000 字左右,并应图文并茂,鼓励同学们综合运用多种手段如视频、照片、图表等来展现现状情况及发展建议。

3 村庄规划设计

在乡村规划实习调研的基础上,结合本学期的乡村规划设计课程,安排村庄规划设计的教学,每个设计小组应按照任务书要求,完成一套乡村规划设计成果并撰写简要说明书。

3.1 组织方式

村庄规划设计采用设计小组的方式,由 3~4 位同学组合成为一个设计小组,由指导教师统一指导。建议村庄规划设计小组与乡村规划调研小组一样组合,但也可以另行调整。

每个设计小组只能选择一个行政村(或自然村)作为规划设计的对象,并且原则上应有完整的村域范围,规划设计应对村域范围内统筹规划安排。

根据实际组织教学需要,村庄规划设计将仍然采取集中组织方式进行,拟在中期考核后安排 3 周集中设计,集中设计周的 2 周后将组织中期评图,由任课教师集中点评,可以根据需要邀请其他专家参与点评。集中设计周后,应根据成果要求提交纸质和电子成果,并根据通知另行制作统一规格的成果展板,供期末评图和交流展示。期末评图将邀请校内外专家与教学指导教师共同参与评图,具体时间和方式将另行通知。

调研报告的成绩,由教学组及特邀评委,共同讨论评定,随纸质和电子成果作为乡村规划设计教学成果归档。

3.2 设计内容

村庄规划设计,允许根据实际情况选择具体规划设计类型,如建设规划、村庄整治规划,或者按照国家或所在省市的新农村规划、美丽宜居村庄规划等要求编制,但应对所选择的规划设计类型及原因作出明确阐明。

在教学过程中,设计小组应在教师指导下就村庄规划与城市规划的差异展开讨论,并深入探讨村庄发展的可能方式和规划的表达形式,应避免一味地采用增长型的规划方式,追求建设用地的增长。

从训练同学们的规划设计能力出发,在借鉴国家有关规范标准并参考已有教学成果与经验的基础上,提出如下方面的统一内容要求。原则上各设计小组应符合但不限于以下方面的内容要求,确有必要时可以适当调整,但应明确阐明具体的理由。在下述要求中,村庄指包含村庄居民点在内的村域范围,村庄居民点指宅基地集中的村民居住地。

(1)区位及现状分析。应结合资料和现场踏勘及访谈,采取多种方式图示表达村庄及村庄居民点的区位及现状主要特征及问题。

（2）村庄发展目标及策略。根据宏观政策环境和政府有关要求，明确村庄的未来发展目标，并针对性地研究制定村庄的经济发展及布局策略，以及村庄居民点的布点及建设发展模式、村庄宅基地的建设标准等内容。

（3）村庄耕地等重要资源的保护与利用。明确村庄永久性农田及其他耕地、林地、牧草地、坑塘水面等重要生产及环境资源的分布及范围，挖掘名宅老宅、名木古树等历史及地方资源，确定保护及合理利用的原则及具体要求。

（4）村庄重要设施布局。应在统筹研究村庄及其周边情况基础上，重点规划村庄建设发展所必须的道路、桥梁、公共设施、公用工程设施等重要设施的布局和主要技术要求，落实服务范围超出本村的区域性重要设施的选址布局。

（5）村庄环境保护及整治。明确村庄水源及地表水、地下水的保护要求及措施；明确村庄污水及其排放的处理要求；提出垃圾处理的规划要求并布局必要的固废垃圾和粪便处理设施；制定村庄环境保护及整治的具体措施。

（6）村庄特色保护与村容村貌规划。结合历史及地方文化资源，积极挖掘和塑造村庄特色，灵活选择具体方式表达和引导村庄的村容村貌。

（7）主要村庄居民点的选址评价及规划区范围。在村庄范围内选择具体的村庄居民点，根据实际情况进行或模拟进行建设用地适宜性评价。原则上应统筹考虑灾害隐患、经济发展、水源、耕地及其他资源的保护和利用要求，以及各项设施的建设成本等因素。并在基础上，合理确定村庄规划区的范围。

（8）村庄居民点建设布局规划。在划定的村庄规划区范围内，根据村庄居民点的建设发展目标和各项控制要求，统筹布局村庄居民点内的村宅、各项公共设施和公用工程设施、道路、公共活动场地等各项用地，宜提供道路和场地的主要规划竖向控制标高，主要规划经济指标，并绘制规划总平面图。对于村庄建设规划类型，宜选择重点建设范围，参考村庄建设规划有关规范编制主要规划图纸并撰写主要说明。

3.3　规划成果

规划成果应包括图纸和综合说明书。图纸比例应为1：500~1：2000，村域范围根据实际情况可以采用1：5000。现状图的范围及内容应与规划图匹配。在确保图纸信息清晰的情况下，主要图纸可予合并，规划要求可以标注在规划图纸上。

主要图纸应包括：

（1）区位分析图

（2）用地及重要设施现状图

（3）用地及重要设施规划图

（4）资源及环境保护规划图

（5）村容村貌整治规划图及示意图

（6）村庄居民点用地适宜性评价图

（7）村庄居民点建设规划图（应明确标注规划区范围，可以采用总平面图方式）

评奖及专家组名单

1 专家组名单

组长：

陈秉钊　同济大学建筑与城市规划学院教授

专家：

王士兰　浙江大学教授，中国城市规划学会小城镇规划学术委员会主任委员

张晓红　浙江省城市化发展研究中心主任

梅耀林　江苏省住房和城乡建设厅城市规划技术咨询中心主任

唐曦文　深圳市城市空间规划建筑设计有限公司技术总裁

陈　荣　上海麦塔城市规划设计有限公司总经理

王新哲　上海同济城市规划设计研究院副院长

姚　栋　同济大学建筑与城市规划学院建筑系副教授

翟于佳　同济大学建筑与城市规划学院景观学系讲师

李京生　同济大学建筑与城市规划学院教授

张　松　同济大学建筑与城市规划学院教授

耿慧志　同济大学建筑与城市规划学院教授

2 参与竞赛学生名单

村庄名	主题	小组成员
山西省介休市张兰镇旧新堡村	寻旧营新，永续乡土	贾宜如、皮亚奇、王阳、张恺平
山西省介休市绵山镇南槐志村	有氧、游养、有养	丁楠、胡可、徐陈佳、岳秋凝、王文通
山西省介休市石河村	—	王英力、余美瑛、周思聪、黄志鑫
上海市嘉定工业区灯塔村	灯塔品农	刘明达、尹超、许展航
上海市嘉定区外冈镇葛隆村	融居	杨雪葱、王璎珞、苏贤超、陈石
上海市嘉定区外冈镇泉泾村	—	叶凌翎、姚鹏宇、王天尧、赵远、阿马尼
上海市嘉定区徐行镇小庙村	绿色小庙	蔡纯婷、吴怡沁、景正旭

续表

湖南省安化县仙溪镇	园田居	宝一力、陈柯宇、丁冬
	融村聚点	尹嘉晟、张顺豪、蔺芯如、王博
	—	马一翔、唐杰颖、姜懿
	迁居·乐业·安家	薛皓颖、张梦怡、王越
上海市崇明县绿华镇绿港村	骑游绿港	田博文、王子鑫、焦恺欣
	绿动·绿港	徐鼎壹、李行健、廖舒文、刘煜橦
上海市崇明县三星镇育德村	"心肺复苏"术	刘晓畅、李吉桓、茅天轶、李璋洁
	循循善游	杨楚昳、赵莹
河南省卫辉市上乐村镇西板桥村	舌尖上的西板桥	庄健、申卓、胡佳怡
河南省卫辉市狮豹头乡小店河村	—	朱晓宇、许康、陈文笛
河南省卫辉市孙杏村镇娘娘庙村	以退为进——娘娘庙村的收缩发展	蔡一凡、曹砚宸、屈信
河南省卫辉市唐庄镇仁里屯村	惠外·仁里	白慧、蔡言、邱旭峰

3 获奖方案与小组成员名单

一等奖："有氧、游养、有养"（丁楠、胡可、徐陈佳、岳秋凝、王文通）

二等奖："寻旧营新，永续乡土"（贾宜如、皮亚奇、王阳、张恺平）

"心肺复苏"术（刘晓畅、李吉桓、茅天轶、李璋洁）

"以退为进——娘娘庙村的收缩发展"（蔡一凡、曹砚宸、屈信）

三等奖："灯塔品农"（刘明达、尹超、许展航）

"湖南省安化县仙溪镇城乡统筹实验项目规划设计"（马一翔、唐杰颖、姜懿）

"迁居·乐业·安家"（薛皓颖、张梦怡、王越）

"骑游绿港"（田博文、王子鑫、焦恺欣）

"舌尖上的西板桥"（庄健、申卓、胡佳怡）

研究奖："有氧、游养、有养"（丁楠、胡可、徐陈佳、岳秋凝、王文通）

创意奖："寻旧营新，永续乡土"（贾宜如、皮亚奇、王阳、张恺平）

表现奖："心肺复苏术"（刘晓畅、李吉桓、茅天轶、李璋洁）

指导教师（按姓氏字母排序）

耿慧志 教授　　高晓昱 讲师　　栾峰 副教授　　刘冰 副教授　　陆希刚 讲师　　彭震伟 教授　　潘海啸 教授

庞磊 讲师　　宋小冬 教授　　王德 教授　　肖扬 讲师　　杨辰 讲师　　张尚武 教授　　卓健 副教授　　朱玮 副教授

研究生助教（按姓氏字母排序）

何瑛　　刘家麟　　刘亚微　　吕浩　　沈俊逸　　孙嘉

孙文勇　　脱健艺　　魏丽　　徐幸子　　徐烨婷　　杨柳

参赛小组及成员

有氧·游养·有养（一等奖、研究奖）

丁楠　　胡可　　徐陈佳　　岳秋凝　　王文通

以退为进（二等奖）

蔡一凡　　曹砚宸　　屈信

寻旧营新，永续乡土（二等奖、创意奖）

贾宜如　　皮亚奇　　王阳　　张恺平

"心肺复苏"术（二等奖、表现奖）

刘晓畅　　李吉桓　　茅天轶　　李璋洁

灯塔品农（三等奖）

刘明达　　　　尹超　　　　许展航

湖南省安化县仙溪镇城乡统筹实验项目规划设计（三等奖）

马一翔　　　　唐杰颖　　　　姜懿

迁居·乐业·安家（三等奖）

薛皓颖　　　　张梦怡　　　　王越

骑游绿港（三等奖）

田博文　　　　王子鑫　　　　焦恺欣

舌尖上的西板桥（三等奖）

庄健　　　　申卓　　　　胡佳怡

山西省介休市石河村村庄规划

王英力　　　余美瑛　　　周思聪　　　黄志鑫

融居

杨雪葱　　　王璎珞　　　苏贤超　　　陈石

上海市嘉定区外冈镇泉泾村村庄规划

叶凌翎　　姚鹏宇　　王天尧　　赵远　　阿马尼

绿色小庙

蔡纯婷　　　　吴怡沁　　　　景正旭

园田居

宝一力　　　　陈柯宇　　　　丁冬

融村聚点

尹嘉晟　　　张顺豪　　　蔺芯如　　　王博

绿动·绿港

徐鼎壹　　　李行健　　　廖舒文　　　刘煜橦

循循善游

杨楚昳　　　　　赵莹

河南省卫辉市狮豹头乡小店河村村庄规划

朱晓宇　　　　许康　　　　陈文笛

惠外·仁里

白慧　　　　蔡言　　　　邱旭峰

区 位 示 意

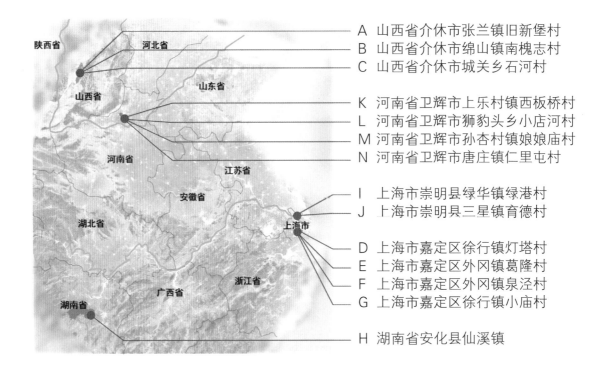

A 山西省介休市张兰镇旧新堡村
B 山西省介休市绵山镇南槐志村
C 山西省介休市城关乡石河村

K 河南省卫辉市上乐村镇西板桥村
L 河南省卫辉市狮豹头乡小店河村
M 河南省卫辉市孙杏村镇娘娘庙村
N 河南省卫辉市唐庄镇仁里屯村

I 上海市崇明县绿华镇绿港村
J 上海市崇明具三星镇育德村
D 上海市嘉定区徐行镇灯塔村
E 上海市嘉定区外冈镇葛隆村
F 上海市嘉定区外冈镇泉泾村
G 上海市嘉定区徐行镇小庙村

H 湖南省安化县仙溪镇

寻旧营新　永续乡土

■ 上位规划

【介休市规划局】
介休市定位是"名山、秀水、古城、大文化"，旧新堡村是介休历史文化名村，村落格局和村庄建筑体现了典型的晋商文化，是大文化的重要组成部分

【介休市文物局】
旧新堡村与旧堡、新堡已一同被认定为介休市级文保单位，具有很高的历史文化价值，需要系统性妥善保护

【张兰镇定位】
张兰镇规划的定位是发展特色农牧业为主的第一产业

■ 现状用地

图例
- 住宅用地
- 混合式住宅用地
- 村庄公共服务设施用地
- 村庄公共设施
- 村庄商业服务业设施用地
- 村庄道路用地
- 村庄生产仓储用地
- 村庄公用设施用地
- 公路用地
- 基本农田地
- 一般农田用地
- 林地
- 农田道路
- 村域边界

■ 适建性评价

- 适建性好
- 适建性较好
- 适建性较差
- 适建性差

■ 现状道路

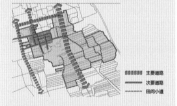

- 主要道路
- 次要道路
- 田间小道

■ 现状公共空间

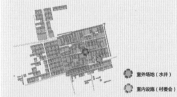

- 室外场地（水井）
- 室内设施（村委会）

■ 现状人口情况

村中常住人口少于户籍人口
青壮劳动力大多外出务工
村中老年人数量较多
村民受教育程度普遍较低
村内村民大多数仍从事农业，少部分于附近城厂或煤场上班。
人口发展呈不可持续态势。

■ 区位条件

位于大运发展主轴上
地处张兰镇域内，临近平遥

临近张兰镇和平遥古城
位于旅游发展活跃地带

旧新堡村与旧堡、新堡、南贾村四村集聚，其中旧堡是中心村

■ 自然资源

耕地资源分布

林地资源分布

■ 人文资源

村落形制遵循风水格局

- 古堡墙
- 古水井
- 古街巷
- 古镇落形制
- 土墙青瓦
- 建筑细部

物质要素丰富

街道格局保存完好

建筑质量评估
- 一类
- 二类
- 三类

建筑保护质量堪忧

■ 现存问题

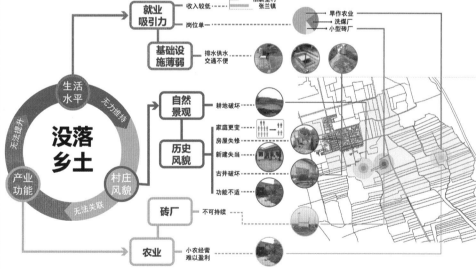

没落乡土

生活水平 — 无力维持 — 村庄风貌 — 无法关联 — 产业功能 — 无法提升

- 就业吸引力 — 收入较低 / 岗位单一
- 基础设施薄弱 — 排水供水 / 交通不便
- 自然景观 — 耕地破坏
- 历史风貌 — 家庭更变 / 房屋失修 / 新建失当 / 古井破坏 / 功能不适
- 砖厂 — 不可持续
- 农业 — 小农经营难以盈利
- 旱作农业 / 洗煤厂 / 小型砖厂

旧新堡村 张兰镇

■ 村民意愿

整个村子原来都是我们老侯家祖上建起来的，这老房子都是清朝的，前年城里文物局来看过，说要投钱保护，但后来就没有消息了，现在有的都倒了，很可惜

古宅修复
村委会会计

村里没什么好玩的呀，走，我们去找其他村小朋友玩……

公共空间
村里的孩童

我老公在义安打工，晚上回来，白天就我和小孩在家里，在家干点家务活，闲了就找邻居聊天，现在田也不怎么种了，他打工挣的比种这点田多，但是听说他们单位也不景气，不知道将来怎么办

新增岗位
村里的妇女

我一把年纪了，每天闲下来就和乡里乡亲打打麻将，没什么别的爱好，不过有时老伴麻将也觉得有点单调，要是有点别的新鲜活动也好啊，现在我在做媒饼，也算是打打时间啦

增加活动
村里的老人

新堡村

051

寻旧营新　永续乡土

新堡村

旧地·新用

存量发展
废宅重生
旧地新用
砖厂涅槃

【文化寻根】
将风貌形制较完整的废宅盘活，置换成晋商旧居文化展示馆遗迹为写生学生或者旅客开设的特色民宿旅店

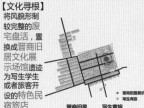
晋商旧居展示　写生青旅

【文化寻根】
运用旧砖厂用地，结合村民的特色手工产品，营造小型游乐园和文化市集，丰富村庄的文娱生活，并形成旅游一景

教育游乐　文化市集

【田园体验】
在发展统购统销农业的基础上，植入一系列体验性的田园活动，例如采摘园、市集、农家作坊参观等等，塑造全方位多感官的田园体验

有机农业　村民活动　体验采摘　农家作坊

旧村·新容

以人为本　满足需求
旧村新容　激发活力

【设施完善】
完善公共服务设施和排水设施，修整宅间巷道，硬化车行道路，结合景观资源营造特色观光流线

日常配套

有序排水

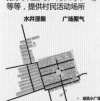
道路修整

旧忆·新态

拥抱自然　涵养水土
旧忆新态　承前启后

【自然景致】
结合一些耐干旱、耐贫瘠的植物，如沙棘林，进行自然生态景观恢复，有效减少径流量和土壤侵蚀性，较好地蓄水保土

耕地恢复　景观农业

【历史保护】
对村庄历史建筑进行内部功能的更新；对老建筑外部，特别是一些沿路界面，进行风貌维护；新建民宅需要考虑与老建筑风貌的协调

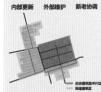
内部更新　外部维护　新老协调

文化寻根

教育游乐　文化市集　晋商旧居　写生青旅　有机农业　村民活动　体验采摘　农家作坊

田园体验

自然景致

历史保护

耕地恢复
景观农业
内部更新
外部维护
新老协调

新生产·新生意·新生活

产业策划
旧地·新用

**寻旧营新
永续乡土**

旧忆·新态　旧村·新容

稳步提升　自主维护
支撑转型

风貌重整　　人居改善

设施完善

道路修整
公共服务
有序排水
村民活动
水井涅槃

场所营造

【空间营造】
结合村庄主要景观节点，营造村民的公共活动空间，如水井空间、村口小广场等等，提供村民活动场所

水井涅槃　广场聚气
滨水小广场　水井空间

答村民问

今日新闻

村委会计　　村庄孩童　　村庄妇女　　村庄老人

村委会计

问题一、全村的这些历史建筑将来如何保存？

答：
村里的空宅

空宅会被维修和改造为全村提供日常服务，还有的会变成旅游景点和旅馆，带动全村致富。

修理改造

活动+教育+服务　旅馆+旅游+写生

问题二、维修和维护的钱哪里来？

答：
近年，市政府和镇政府出钱将来。全村庄旅游致富可以让村民会自己保护自家的房子。因为这些古意的房子形成的旅游环境，给他们将带来旅游收入。

2015-2020　2020-将来

村庄孩童

问题一、村里有什么新地方可以玩吗？

你知道吗：
捉迷藏的地方哟！

门好大的老房子　小树林

警察抓小偷

绕着大土墙跑　游乐园的小草堆
田里可以摘果果！

村庄妇女

问题一、村里有些人不种地，在砖厂上班，我老公将来也是吗？

答：
砖厂破坏了耕地乃至生态环境，我们对它进行了改造。将原来的砖厂改造成了市集乐园，另外的空地上种上经济作物，还有一些地方改造成了可以休憩的地方，您和孩子都可以去。

问题二：那我老公不在城里上班的话，在村里干什么呢？

村里如今发展旅游和有机农业，在村子里有许多持续的岗位。除了改造后那天远有村里其他青壮年可从在旅馆经营、沙棘种植养护等多项工作中选择。

村庄老人

问题一、村里有没有什么地方可以给我们消遣啊？麻将玩的太多了也没意思。

答：
我们修复了村里的老水井一带，大家以后还能在那里休息。除了这个室外场所，我们还将把村民活动中心放到了村委会一带，大家打麻将、看电影都能去那儿。

问题二：那么我的儿孙如果也回来，能去哪里玩一玩啊？

有呀，绿手图中书屋和水井旁边都行，水井那边可以给村里的老人交流，书屋能让他们学习阅读。绿手图例会有比较多的小伙子、小姑娘和小孩子在玩。

山西省介休市张兰镇旧新堡村村庄规划

小组成员：贾宜如 皮亚奇 王阳 张恺平
指导老师：潘海啸 刘冰 高晓昱

寻旧营新 永续乡土

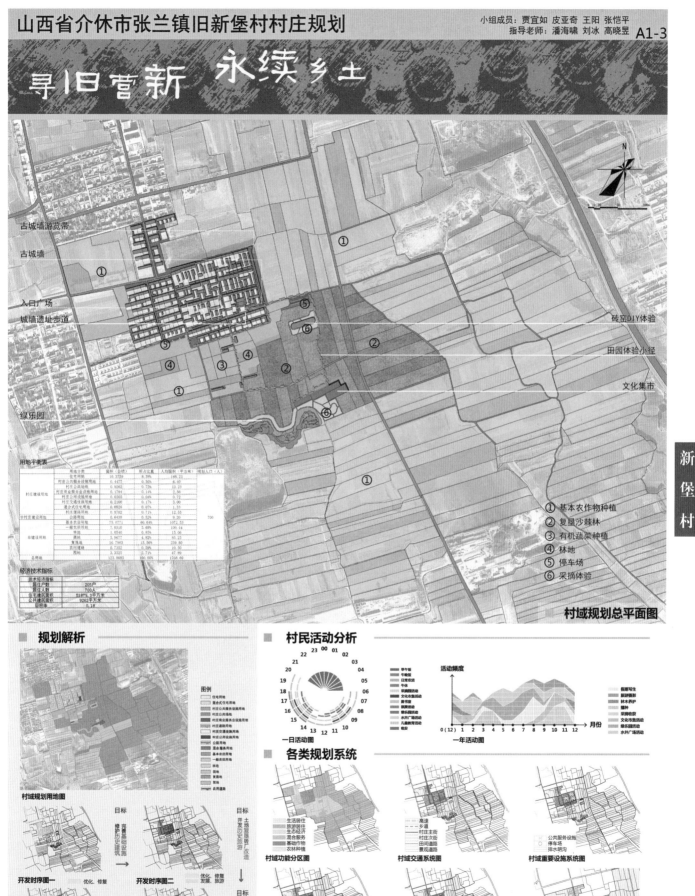

新堡村

寻旧营新　永续乡土

新堡村

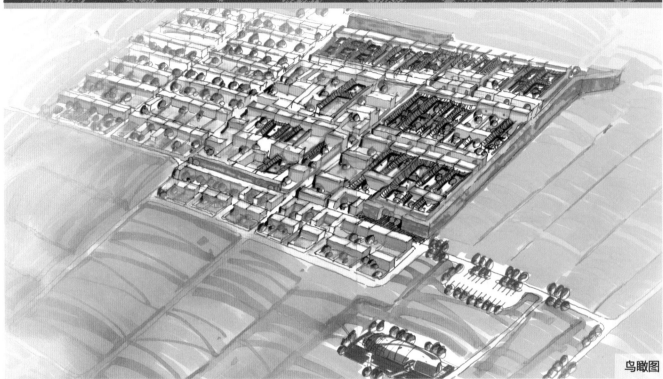

鸟瞰图

寻旧营新·具体措施

Step1 风貌资源评估

建筑风貌评估

1970年之后		1970年之前		
不协调	基本协调	不较完整	完整	非常完整

砖厂厂房&砖窑　　大空间&工业遗址
采掘区　　　　　丰富高差&复盘

Step2 风貌修护&完善设施

修复——风貌格局保存较好的院落
置换——废宅为公共服务设施
　　　　　砖厂为田园体验场所

提取风貌特征

巷道立面

二进院

三进院

在保留宅院空间特色的基础上，进行功能置换

旧新堡村的传统民居以三进院和两进院为主，1970年之后新建住宅有制稀有改变

Step3 产业开发&生态改造

根据生活产业的户型改造建议

普通生活型院落	生产生活型院落	旅游服务型院落

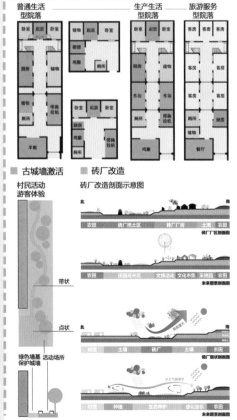

古城墙激活

村民活动
游客体验

带状

点状

绿色墙基保护城墙　活动场所

砖厂改造

砖厂改造剖面示意图

基础设施

村域主要道路剖面

7m

| 3m 人行道 | 4.5m 自行车道 | 4m 自行车道 | 5m 人行道 | 2m 绿地 |

村域主要车行道路剖面

| 2m 步道 | 5m 车道 | 2m 步道 |

主要车行道硬化

改无序排水为有序排水
道路修建明沟
加盖板

宅间道路

生活污水　明沟　暗渠

雨水

增加路树
提升巷道环境

村庄主街

村口重点地段设计

村口地段 = 村民活动 + 历史遗迹 + 公共服务 + 旅游观光服务

村民　　　　　　　　　　　游客

活动场地　幼儿园　乡村书屋　小超市　古井广场　旧新堡历史博物馆　村委会/村民活动中心　乡村诊所　民宿旅馆　城墙遗址广场　城墙漫步绿带

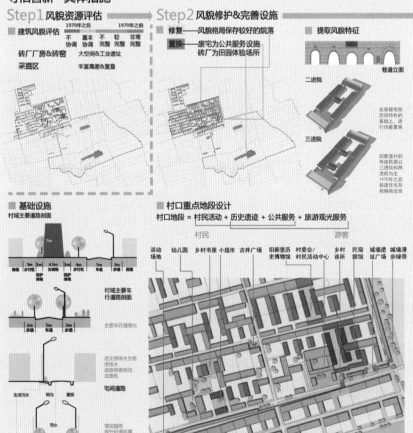

〔本·有氧〕

邻近绵山，坐拥大量优质生态资源

地处绵山脚下，风景区内。四周山林半抱，梯田鳞次，空气清新，有丰富多样的生态资源，又有纯朴的农家生活，返璞归真。

丘陵　牲畜　田园　林木
山泉　空气　梯田
农家特色　园风光……
有机作物

自然风貌，民宅建筑，各有特色

依托山势，村内地形多差，大地风貌起伏壮丽。同时民居也不乏地方特征。

田间土路　村庄次路　村庄主路

玉米地

县道378

羊圈

窑洞民居

小麦郭

村域现状图

图例
林地　市政公共设施用地　农村商业用地
园地　工业仓储用地　旅游服务用地
耕地　农村居名点用地　村域边界
河流　道路广场用地

绵山景区入口俯瞰

交通便捷，可由路网串联多个旅游节点

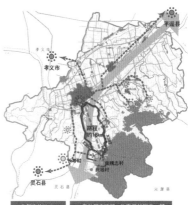

平遥县
孝义市
灵石县

自驾车约20min
公交车约30min

身处都市远郊，生态保护区内，环境优质。同时，又与城区联系密切，往来方便，通达便捷。

通过便捷的多元交通系统，串联市内多个旅游节点和组团，并可方便连接市外旅游节点和组团。

大运发展轴

平遥县　　张兰古玩市场

洪山古窑
洪山源神寺　文峰塔

天峻山旅游区

张壁古堡

介休城区
后土庙
祆神楼
史公祠
城隍庙
襖神庙

绵山风景区

孝义市　　　泰柏

大运发展轴

灵石县　　王家大院

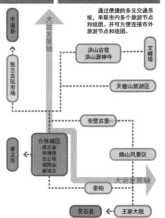

邻村通达便捷，可共享相关资源

3km

邻村长寿村有养老项目，建设有一定主要针对养老的设施。县道直接连接两个村庄，因此"村居者"可以共享一系列设施。

娱乐设施
农田风光　商业设施　医疗设施

区域老龄化，有潜在需求

介休市人口结构已进入老年型阶段，周围地区也存在类似现状。而山西省在2012年抽样人口中65周岁以上老人占8%。区域老龄化日趋严重，老年人需求日益增加，有潜在需求和市场。

各年龄段占总人口比例	国际标准老年型	2000年（五普）	2010年（六普）
0-14岁	30%	26.10%	18.82%
65岁以上	7%	6.24%	7.58%
老少比	30%	23.90%	40.94%

2012年山西人口抽样调查

0-14岁 16%
65岁以上 8%
15-64岁 76%

2010年介休人口金字塔

〔少·游养〕

旅游服务业

·沿县道村民自发提供服务
·仅简单的餐饮和住宿
·设施简陋，缺乏管理
·不成体系，难进一步发展

工业&建筑业

·场地等限制，不适宜发展
·易引发污染，难涵养生态
·已有二产停业，荒弃场地未处理

传统种植业&畜牧业

·人力为主，效率低
·气候地形等设施限制
·种类单一，产值低
·独户养殖，等级低vv

〔难·有养〕

基础设施落后，缺少活动和活力

·无统一的供排水管道，饮水困难，无处理排水
·单户烧煤取暖，无统一供热相关设施设备
·医疗设施简陋，功能简单，村内无教育设施
·无良好的活动场地和成型固定的文化活动

村内就业少，收入较低

·职业以农民为主（从事简单耕作养殖）
·部分兼职简单三产

劳动力村外就业，人口外流

·绵山景区内工作（园丁、保安等）
·外出务工

·青壮年外出，缺少适龄劳动力
·老弱留守，村庄空巢化
·人口渗出，房屋废弃荒置

南槐志村

南槐志村

"游养"作为激活因子

- ② 养生健康服务体系
- ① 生活保障服务体系
- ③ 田园生活体验体系
- 服务体系
- 经营模式：开心农场
- 田园养生住
- 游养
- 度假旅游短住
- 提升村庄知名度
- ① 绵山风景游览活动
- 培养未来潜力产业
- ③ 农业劳动体验活动
- ② 传统文化欣赏活动
- 经营模式：体验式居住
- 活动体系

多元化交通

村域交通
- 步行为主，非机动车租赁为辅

- 步行为主
- 游览
- 提供非机动车租赁
- 田园风光

村际交通
- 村公交——村民为主要服务对象
- 综合服务设施资源
- 中心城区 5min
- 村公交
- 绵山镇区 15min
- 加强交通连接实现服务设施资源共享
- 养老设施资源
- 长寿村 5min
- 南槐志村 5-8min
- 教育设施资源
- 兴地村
- 旅游大巴、预约租车接送——游客为主要服务对象
- 近期：旅游大巴／加强旅游节点作用
- 客源增多，旅游服务规模不断扩大
- 远期：预约租车接送／增加更私人化的服务

带动先头农业

田园养生农业
类型：
花草林果蔬菜种植等轻微体力劳动。
借助地形优势和及闲边养生需求，实行中期承包责任制，为田园养生的中老年人提供封闭性、私人性较强的农家庄园。

休闲体验农业
类型：
休闲体验种植，包括观赏、农体体验、娱乐、农产品采摘购买。
多引进技术和管理人才，形成以短期体验为主的休闲体验农业。

进一步协调组织，带动传统农业

农村合作组织，加强村民参与

- 能人大户带动
- 龙头企业带动
- 农技服务部门带动
- 政府推动

优势分析：
- 为农民带来较强的社会认同感
- 节约了农民自主组织的时间、经济成本
- 统一组织，方便管理，有利于全局统筹

农村合作组织

原因分析：
- 农民追求规模经营的利润的需要
- 农民希望减少和规避风险的需要
- 多种渠道获得资金资料需要组织统筹

- 餐饮住宿合作组织
- 农业生产合作组织
- 交通服务合作组织

- 动力基础
- 一三产联动
- 品牌提档

- 玉米 / 小麦 / 杂粮 → 农产品加工
- 提升项目品牌
- 乡村旅游服务
- 提供产业基础
- 特色工艺品 山野鲜果 / 购
- 村落风貌观光 / 游
- 采摘活动 农田代耕 / 娱
- 非联景区交通 / 行
- 风味餐厅 特色小吃 / 食
- 养生居住 体验度假 / 住

在南槐志创立农村合作组织，用于统筹资料、统一分阶段进行农村生活改善和产业开发等活动。加强集体组织协调、村民积极参与。

自给农业
类型：
日常所需蔬菜、林果苗木等，以及玉米等适合土地大量生长的作物。
加强整合、协调，日常蔬菜的种植作物在靠近居民点的园地内种植，玉米、谷子等大地作物在较远区域。

供应农业
类型：
提供绵山风景区内部日常所需的蔬菜类型和部分活畜养殖。
向绵山风景区内部输送的新鲜食品原料，减少交通成本的同时发展村庄自身经济。

多元农业体系形成良性循环

- 绵山 / 供应农业
- 自给农业
- 居民点
- 村域
- 田园养生农业 / 休闲体验农业 / 度假休闲短住

- **有养产业体系**
- **村民有所养**

公共服务设施与公用设施规划

- **有养支撑体系**

公共服务设施加强区域共享

- 基层村：不能盲目增加公共设施配置
- 通过便捷交通联系在教育、医疗设施两个方面加强区域资源共享
- 克服基层村资源配置限制
- 利于区域资源集约发展

- 教育设施
  - 幼儿园小学 兴地村 5-8min
  - 初高中 中心城区 30min
  - 幼儿园、小学依托临近中心村（兴地村）的教育设施，初高中依托中心城区资源

- 医疗设施
  - 村卫生所
  - 大医院依托城区 30min
  - 村内配置最基本的卫生所，大型医院依托中心城区资源，养老医疗设施依托附近长寿村养老资源

必要性投资建设

- 旅游服务
  - 活动体验 / 餐饮 / 住宿
  - 充分发掘自身特色，发展旅游服务

- 给排水设施
  - 蓄水-水库 / 输水-管渠 / 用水-灌溉
  - 加设有系统化给排水设施

- 生态基础设施
  - 污水处理 / 粪便处理 / 循环使用
  - 指污水处理和粪便处理及其循环使用的设施，主要依托沼气池。

重点设计——生态基础设施规划

- 生态基础设施体系

现有给排水设施	规划添加设施
小型水库两个	雨水管　污水净化沼气池
	污水管　集中蓄水池
给水管	中水管　污水净化沼气池
排水边沟	沼气管　污水处理站

- 循环利用体系设计

- **加强清洁水二次利用**
  依托设施体系：污水管、中水管、污水处理站

- **雨水收集处理利用**
  依托设施体系：排水边沟、雨水管、地下水窖、集中蓄水池

- **污水处理利用**
  依托设施体系：污水管、污水净化沼气池、沼气管道

介休市绵山镇南槐志村村庄规划

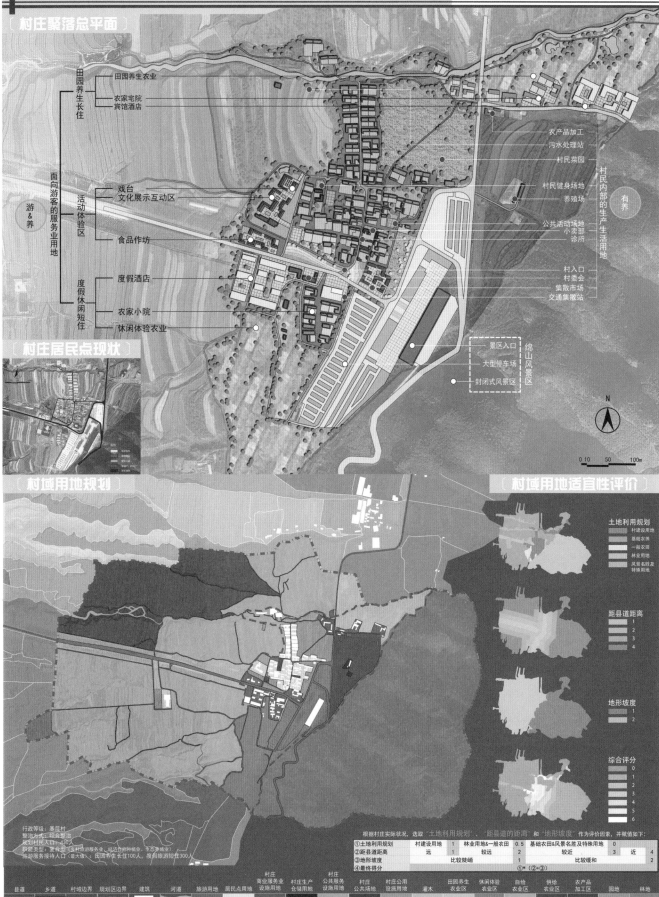

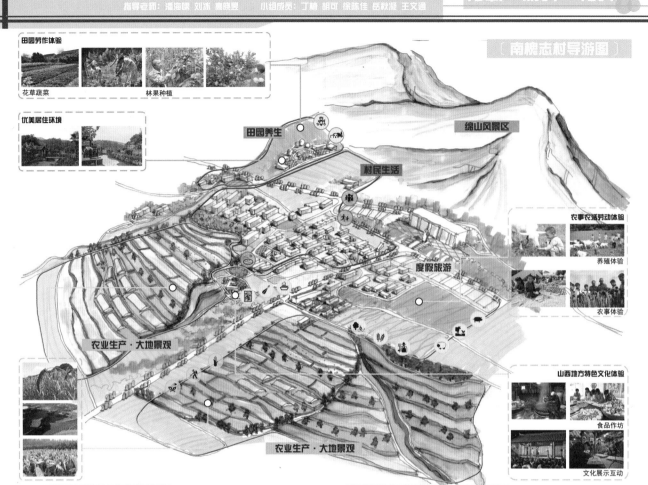

田园劳作体验

花草蔬菜　　林果种植

优美居住环境

南槐志村导游图

绵山风景区

田园养生

村民生活

度假旅游

农业生产·大地景观

农业生产·大地景观

农事农活劳动体验

养殖体验

农事体验

山西地方特色文化体验

食品作坊

文化展示互动

建筑风貌控制

重点要素提取

石墙　各户村民住宅外围墙由石块堆砌而成，就地取材，美观环保，与村庄周围环境相得益彰。

围篱　就地取材，采用树枝木材等围成围篱，供饲养家禽牲畜用，体现农村风貌特色。

窑洞　当地民居吸取传统窑洞特色，立面门窗采用了窑洞的形式，形成拱形的门洞，极具当地特色。

砖砌立面　当地村民住宅多以砖砌而成，风格整齐统一，结构清新，色调一致，与周边环境形成良好呼应。

农家乐单体改造模式

特色住宿体验
餐饮空间
村民住房
庭院活动空间
农园劳动体验

· 引导村民进行建筑风貌的控制，其中典型的建筑单元改造可用于旅游服务

村庄入口界面高差设计

入口地形现状

挡土墙硬性处理高差

缓坡简单处理　　视线遮挡严重

地形设计

阶梯绿化

将原来的挡土墙、缓坡改造为阶梯绿化，解决目前村庄入口因地形复杂又缺少设计而导致的缺乏吸引力的问题。

沿路多元功能安排

食品作坊　阶梯绿化　果园

绵山风景区入口　县道　果林　集散市场　村庄入口（4m高差段）　食品作坊区

阶梯绿化　坡道　阶梯绿化　坡道

村庄入口界面剖面图示

图例：
● 集中蓄水池
○ 小型池塘
污水处理站
· 地下水池
雨水排水边沟
污水管
排水方向

图例：
交通集散中心
停车场
县道
可通车道路
硬质步行道路
土质田间小路

生态设施规划图　　　　### 道路规划图

山西省介休市城关乡石河村村庄规划

组员：王英力 余美瑛 周思聪 黄志鑫
指导老师：潘海啸 刘冰 高晓昱

石河村

介休市区位图

基地区位图

基地用地布局图

基地道路交通分析图

未来目标和定位

城市化进程中的一块"城殇"——发展以城为保托，服务于城，发展于城、古民风、新农村、美田园。

态度：城市扩张不可避免，我们能做的是尽量协调利用城市发展中产生的资源，与城镇合，并以通过区别于城镇的产业发展提高自己的地位，不致于被城市绵延同化，"城市田园"，实现小有互助的大。

功能定位及村庄开发

1. 功能上与中心-城区互补，着重考虑中心-城区边缘地带工业区的关系——延伸型工业；以及文化产业的繁荣和自然资源的充分利用

2. 中心城区市域的现状和乡村状态的过渡

具体开发
(1) 物流的延伸型工业，主要以电子通讯、机械制造、食品加工、能源产品加工，建立一定规模的物流超链，着样易提供服务中介管理服务。

(2) 文化的发展型产业：中国传统技艺的新生——手工艺 酿 酿酒 采摘园；中国传统文化的新生——一等食节 集市

产品定位

(1) 观光产品体系：乡村田园风貌观光、花木基地观光、生态田园观光
(2) 休闲产品体系：农业生活体验、民居风情观光、本土特色美饮
(3) 服务产品体系：农家菜肴、花艺设计、蔬菜栽培、漫步赏农活动
(4) 其他产品体系：乡土生产教育、农业生产科技观摩

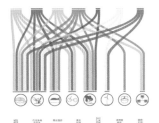

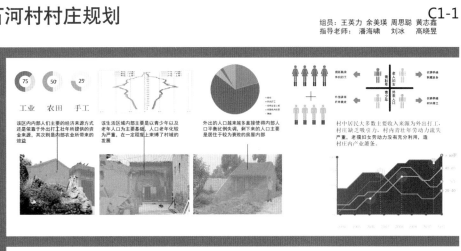

该区内内居民们主要的经济来源方式还是依靠着于外出打工壮年所提供的资金来源，其次则是内部农业所带来的效益

该生活区区域内部主要是以青少年以及老年人口为主要基础，人口老年化较为严重，在一定程度上束缚了村域的发展

外出的人口越来越多直接使得内部人口平衡比例失调，剩下来的人口主要是居住于较为衰败的房屋内部

村中居民大多数主要收入来源为外出打工，村庄缺乏吸引力，村内青壮年劳动力流失严重，老幼妇女劳动力没有充分利用，造村庄内产业萧条。

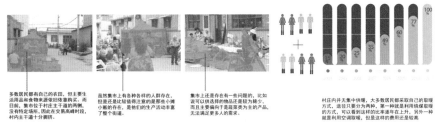

多数居民都有自己的农田，但主要生活用品和食物来源依旧依靠购买，而目前，集市位于村庄主干道的两侧，没有特定场所，因此在交易高峰时段，村内主干道十分拥挤。

虽然集市上有各种各样的人群存在，但是还是比较值得注意的是那些小摊小贩的存在，是他们的生产活动丰富了整个街道。

集市上还是存在有一些问题的，比如说可以供选择的物品还是较为稀少，而且主要偏向于是蔬菜类为主的产品，无法满足更多人的需求。

村庄内并无集中供暖，大多数居民都采取自己的取暖方式，途径只要分为两种，第一种就是利用燃煤取暖的方式，可以看到这样的比率逐年在上升，另外一种就是利用空调取暖，但是这样的费用还是较高

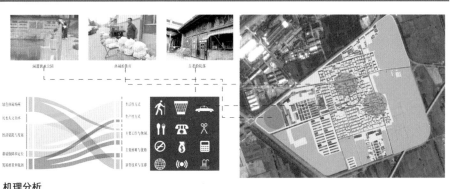

机理分析

农田

原始聚落

工厂区域

大棚区域

新式住宅

居民对公交系统的满意度调查

村内居民对公交系统的满意度并不集中，其中一部分人认为公交系统十分方便，而部分居民也从家中的道路两侧，而小部分居民认为集市干村庄主干道的两侧，因此认为村内主干道十分拥挤。

居民日常用品和食物来源调查

村中菜市场是集市的一部分，虽然大多数居民都有自己的农田，但主要生活用品和食物来源依旧依靠购买，而目前，集市位于村庄主干道的两侧，没有特定场所，因此在交易高峰时段，村内主干道十分拥挤。

居民活动场所调查

大多数居民活动场所就在家门口，而现场调查的结果来看，村民口中的家门口一般是指村内的公共活动空间指的是城区内的公园，村中并无相对开着的公共活动空间，村民交往缺乏场所。

村庄燃气状况调查

石河村村内并无集中供气，村民现在生灶火主要依靠燃煤，极少数人使用罐装煤气，而直接燃煤却不能进行充分利用，是资源的浪费，更重要的是存在大量的安全隐患，危害人身体健康并对环境造成污染。

村庄供暖状况调查

村庄内并无集中供暖，大多数居民都采取自己的取暖方式，途径主要分为两种，一种是利用燃煤取暖，另一种是利用空调取暖，目前，烧煤取暖人多数，费用高、危险性大且不环保。

自给自足   特色风味   历史印记   特色地标

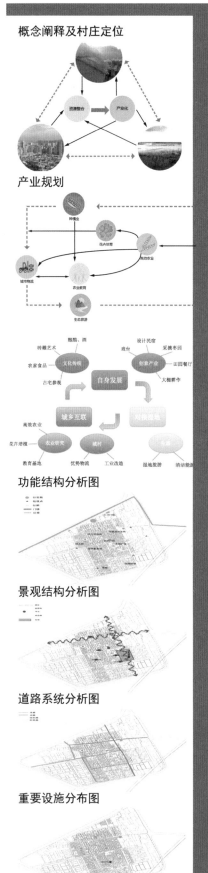

概念阐释及村庄定位

产业规划

功能结构分析图

景观结构分析图

道路系统分析图

重要设施分布图

石河村

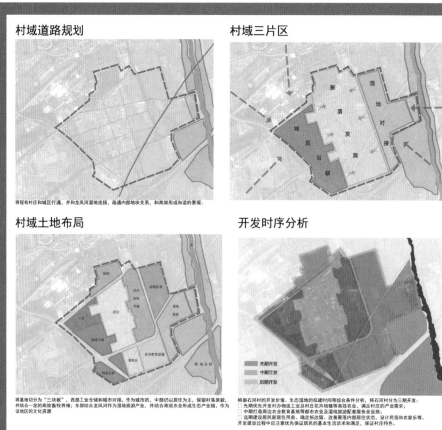

村域道路规划

将现有村庄和城区打通，并和龙凤河湿地连接，疏通内部地块关系，和高架形成和谐的景观。

村域三片区

村域土地布局

将基地切分为"三块板"，西部工业仓储和城市对接，作为城市的，中部仍以居住为主，保留村落原貌，并结合一定的高效畜牧养殖，东部结合龙凤河作为湿地旅游产业，并结合高效农业形成生态产业链，作为该地区的文化资源

开发时序分析

先期开发
中期开发
后期开发

根据石河村的开发价值、生态湿地的拟建时间等综合条件分析，将石河村分为三期开发：
先期优先开发村办物流工业及村庄花卉培植等高效农业，满足村庄的产业需求；
中期打造周边农业教育基地等都市农业及湿地旅游配套服务业设施；
远期建设居民新居住用房，确定拆改留，改善聚落内部居住状态，设计民宿和农家乐等。
开发建设过程中应注意优先保证居民的基本生活诉求和满足，保证村庄特色。

村庄总平面图

山西省介休市城关乡石河村村庄规划

组员：王英力 余美瑛 周思聪 黄志鑫
指导老师：潘海啸 刘冰 高晓昱

劳动力流动关系

现状劳动力流动

石河村内部居民以本地原住民和外来工作者为主，与城市居民的就业并无交叉，且原住居民青壮年多去城区打工，老人和妇女则以务农为主，村域的农田劳动力多为外来人口，且即便如此，依然有不少农田没有得到有效耕种和适时收获。

规划劳动力流动

通过对村域用地的调整，改变原有的产业结构，充分调动老年和妇女等劳动力，增加就业，同时多元产业吸引周边地区居民来就业，以达到资产积累

活动场所营造

村庄主要的活动场所主要

村头戏台

村头戏台

村头戏台

村头戏台

土地开发模式

外来企业、人口　　　农村原住人口

土地

农村最近城市，在城市扩张的时期城郊土地必然升值，

土地开发方案一：村中原住民直接出售土地，获得大量资金之后另外谋生，土地被外来人口占用发展他们的计划中产业。

土地开发方案二：农村原住民合资或者有能力的人与外部企业合作开发土地，最大化保留原居民，并为失去土地的农民提供其他就业机会。

村庄结构调整

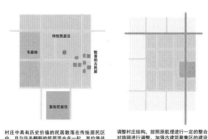

村庄中具有历史价值的民居散落在传统民居区中，且与多翻新的民居混合在一起，其价值并没有被充分挖掘因此不为人知。南部畜牧区散落的民居居住环境也特别恶劣。

调整村庄结构，按照原有肌理进行一定的整合，并对路网进行调整，加强古建筑聚集区的建设，突出古建筑群空间，引导人群进入，并将南部畜牧区迁走，建立单纯的居住区，改善生活环境。

四大产品体系

(1) 观光产品体系：乡村田园风景观光、花木基地观光、生态田园观光
(2) 休闲产品体系：农业生活体验，民俗风情观赏，本土特色餐饮
(3) 娱乐产品体系：务农采摘，花艺设计，盆景制作，漫步垂钓、乡村趣味活动
(4) 其他产品体系：乡土生态教育，农业生产科技观摩

特色活动策划

特色活动策划

娱乐大棚

民宿改造

丰收日

传统民间砖雕石雕艺术、酿醋酿酒展示，发挥传统手工艺的经济价值

山西传统古宅参观，石河村的历史老宅相对集中，以历史体验的方式，修缮保存老宅的传统砖雕屋顶

在田埂上享用身边田地里长出的粮食，让全家周末农活体验

儿童创意大棚让农业教育变得更加轻松愉快

社区改造

民宿改造

大棚改造

作坊改造

养殖场改造

鸟瞰表现图

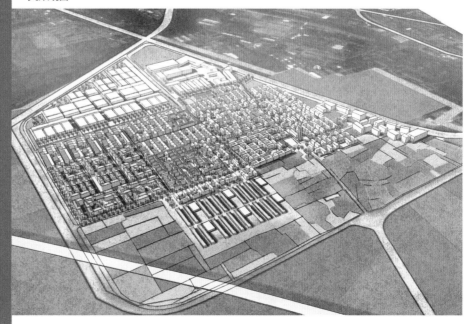

石河村

公共空间形式

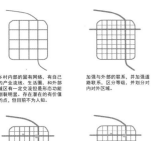

乡村内部的固有网络，有自己的产业流线、生活圈，和外部城区有一定交流但是形态功能割裂明显。存在潜在的有价值的点，但目前不为人知。

加强与外部的联系，并加强道路联系，区分等级，并划分对内外区域。

根据地区原有的优势开发不同属性不同规模的活动或观光点，作为网络激活点。

根据地区原有的优势开发不同属性不同规模相似属性激活不同特色的活动或观光点，作为网络激活点。

居民活动

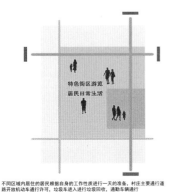

不同区域内居住的居民根据自身的工作性质进行一天的准备，村庄主要通行道路开放机动车通行许可，垃圾车进入进行垃圾回收，通勤车辆通行

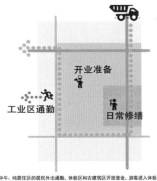

中午：纯住区的居民外出通勤，体验区和古建筑区开放营业，游客进入体验、购物。

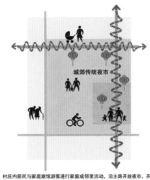

晚上：村庄内居民与家庭旅馆游客进行家庭或邻里活动，沿主路开放夜市，开放特色食品店铺，戏台剧团对进行，丰富街道活动。

村庄结构分析

特色乡村体验区

古建筑观光区

居住区

村庄内部改造调整

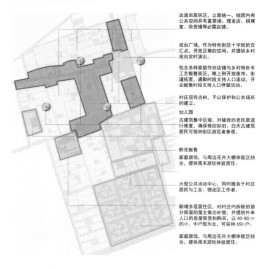

改造后居民区，立面统一，组团内有公共空间并布置菜场、理发店、棋牌室、杂货铺等必需店铺。

戏台广场，作为特色街区十字街的交汇点，开放足够的空间，并提供乡村戏台定时演出。

包含多样家庭作坊店铺与乡村特色手工艺贩售街区，晚上则开放夜市。街道加宽，通勤时段支持人口流动，开业贩售时段支持外人口停留活动。

村庄现有古树，予以保护和公共场所的建立。

幼儿园
古建筑集中区域，对破败的老民居进行修缮，确保修旧如旧，白天古建筑居住区可接纳街区游览者参观。

鲜花贩售
家庭旅馆，与周边花卉大棚体验区结合，提供周末游玩体验居住。

大型公共活动中心，同时服务于村庄居民与工业、物流区工作者。

新增多层房屋，对村庄内拆除的部分房屋的屋主做出补偿，并提供给外来人口的房屋租货和购买，以40-80㎡的小、中户型为主，可容纳650户。

家庭旅馆，与周边花卉大棚体验区结合，提供周末游玩体验居住。

公共空间分析

普通居民区结合组团点状分布公共场所，服务于组团内部，营造半私密的交往空间。

古建筑观光区以组合广场的形式形成片公共活动场地，最大限度增强开放性，扩大视野，凸显各个历史建筑。

古建筑区以大片休闲广场为主，传统民居体验区以沿街道布置的小广场为主，而居住区以组团内点状布置的活动空间为主，以区分不同区域的动静空间关系。

村庄建筑布局依旧以行列式为主，每个组团中布置160-300㎡公共空间供居民使用。

居住组团布置

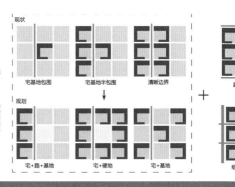

现状

宅基地包围　　宅基地半包围　　清晰边界　　路边公共空间

规划

宅+路+基地　　宅+硬地　　宅+基地　　组团内公共空间

现状问题

虽然近现代农舍翻新将老式农舍的传统格局保留下来，但是存在于老式农舍的坡屋顶、砖木雕刻、垂花门等历史特色渐渐被遗忘。现存农舍缺乏自身特色，且布局呆滞，空间相对压抑，公共场所严重缺失。

农宅解析

传统民居格局

耳室　主室　耳室
耳室　　　　耳室
厢房　院子　厢房
厢房　　　　厢房
　　大门

耳室　主室　耳室
厢房
厢房　院子
　　大门

石河村农宅以三合院为主，多两坊两向或三坊一照壁，老式民居以双坡或单坡屋顶为主，墙体根据屋龄、屋顶、墙垣、柱台上均存在繁复精美的雕饰。

农宅设计

改造农宅格局

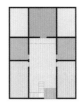
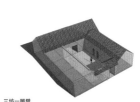

三坊一照壁

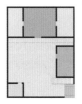
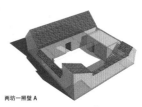

两坊一照壁A

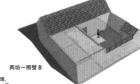

两坊一照壁B

恢复坡屋顶形式，围墙进行墙垣处理，增加结构细节，屋顶造型转块，朴素造型形态，统一古朴的农舍形态。

同济大学城市规划系　　　指导老师：彭震伟　耿慧志　陆希刚　　小组成员：刘明达　尹超　许展航

区位分析

上海　　　嘉定　　　嘉定工业区（北区）

灯塔村周边要素

太仓工业区　　　　　　　　浏河
太仓居住区　　　　　　　　灯塔村
沈海高速　　　　　　　　　垃圾填埋场
天镜湖　　　　　　　　　　嘉定工业区（北区）

灯塔村位于嘉定区的西北部，北临浏河，东临竹桥村。村域面积4.27平方公里。村内水系纵横，河港密布。交通不是很便利，仅有嘉朱公路在村子东部南北向穿过。

从肌理看上，可见灯塔村周边建设密度已经比较高，仅有灯塔村和村南部地区处于待开发状态。

现状用地

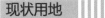

现状用地图　　　　　　用地平衡表

图例

现状系统图

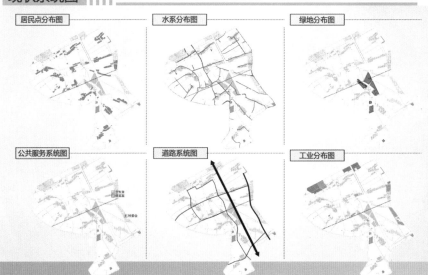

居民点分布图　　水系分布图　　绿地分布图

公共服务系统图　　道路系统图　　工业分布图

现有产业

各产业用地面积

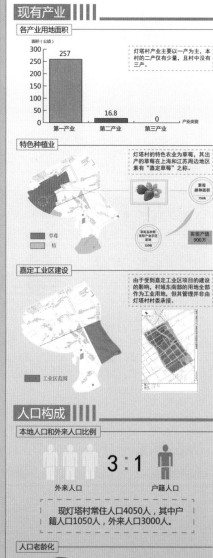

面积（公顷）
300
257
250
200
150
100
50　16.8　0　产业类别
第一产业　第二产业　第三产业

灯塔村产业主要以一产为主，本村的二产仅有少量，且村中没有三产。

特色种植业

灯塔村的特色农业为草莓，其出产的草莓在上海和江苏周边地区素有"嘉定草莓"之称。

草莓
桔

草莓种植面积　750亩

草莓品种繁育和产业多功能基地　150亩

实现产值　900万

嘉定工业区建设

由于受到嘉定工业区项目的建设的影响，村域东南部的用地全部作为工业用地，但其管理并非由灯塔村承接。

工业区范围

人口构成

本地人口和外来人口比例

3 : 1

外来人口　　　　户籍人口

现灯塔村常住人口4050人，其中户籍人口1050人，外来人口3000人。

人口老龄化

15.4%
60岁以下人口 74.6%

现村中60岁以上老人有625人，村中老龄化人口比达到15.4%

村民收入

1.5万元
60%
40%

现村中人均年收入为1.5万元，其中非农收入所占比例为60%

2013年村委会可支配收入为350万元

公共服务

灯塔村公共服务设施主要集中在东部，综合性较弱，仅有村委会、卫生站和活动室。同时，村中设有已为农服务站。无小学、幼儿园、体育健身点和养老设施等。

设施类别	建筑面积（平方米）	用地面积（平方米）	是否独立用地	使用情况（较好、一般或不好）
村委会	600	550	否	较好
卫生室	150	150	是	较好
文化活动室	250	250	是	较好
为农综合服务站	70	70	是	较好

灯塔村

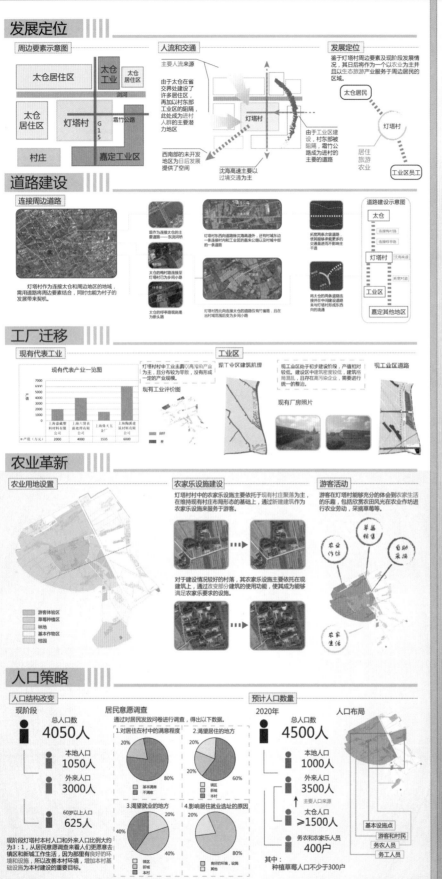

发展定位

周边要素示意图

人流和交通

主要人流来源

由于太仓在省交界处建设了许多居住区，再加上村东部工业区的阻隔，此处成为进村人群的主要潜力地区

西南部的未开发地区为日后发展提供了空间

沈海高速主要以过境交通为主

发展定位

鉴于灯塔村周边要素及现阶段发展情况，其日后将作为一个以农业为主并且以生态旅游产业服务于周边居民的区域。

太仓居民

灯塔村

由于工业区建设，村东部被阻隔，霍竹公路成为进村的主要的道路。

居住
旅游
农业

工业区员工

道路建设

连接周边道路

灯塔村作为连接太仓和周边地区的地域，需用道路将周边要素相结合，同时也能为村子的发展带来契机。

道路建设示意图

太仓

连接两村路

灯塔村

工业区

嘉定其他地区

工厂迁移

现有代表工业

现有代表产业一览图

灯塔村中主要工业为高污染产业为主，且分布较为零散，没有形成一定的产业规模。

现有工业评价图

良好

工业区

现工业区建筑肌理

现工业区处于初步建设阶段，产值附加值较低。建设区中建筑密度较低，建筑格局混乱，且存在高污染企业，需要进行统一的整治。

现有厂房照片

现工业区道路

农业革新

农业用地设置

游客体验区
草莓种植区
林地
基本农物区
桔园

农家乐设施建设

灯塔村中的农家乐设施主要依托于现有村庄聚落，在维持现有村庄布局形态的基础上，通过新建建筑作为农家乐设施来服务于游客。

对于建设情况较好的村落，其农家乐设施主要依托于现有建筑上，通过改变部分建筑的使用功能，使其成为能够满足农家乐要求的设施。

游客活动

游客在灯塔村能够充分的体会到农家生活的乐趣，包括欣赏农田风光在农业作坊进行农业劳动，采摘草莓等。

草莓领望
自助采摘
农业作坊
农家生活

人口策略

人口结构改变

现阶段

总人口数
4050人

本地人口
1050人

外来人口
3000人

60岁以上人口
625人

现阶段灯塔村本村人口和外来人口比例大约为3:1，从居民意愿调查中看人们更愿意去镇区和新城工作生活，因为那里有良好的环境。增加本村环境，基础设施为本村建设的重要目标。

居民意愿调查

通过对居民发放问卷进行调查，得出以下数据。

1.对居住在村中的满意程度
80%
20%

基本满意
不满意

2.渴望居住的地方
60%
20%
20%

镇区
新城
本村

3.渴望就业的地方
40%
40%
20%

镇区
新城
本村

4.影响居住就业选址的原因
80%
20%
20%

良好的环境.设施
其他

预计人口数量

2020年

总人口数
4500人

本地人口
1000人

外来人口
3500人

主要人口来源

太仓人口
≥1500人

务农和农家乐人员
400户

其中：
种植草莓人口不少于300户

人口布局

基本设施点
游客和村民
务农人员
务工人员

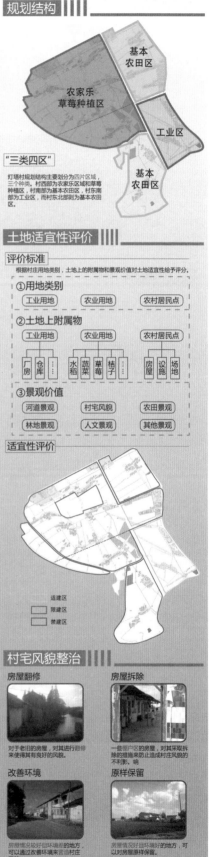

规划结构

基本农田区

农家乐草莓种植区

工业区

基本农田区

"三类四区"

灯塔村规划结构主要划分为四片区域，三个类种。村西部为农家乐区和草莓种植区，村南部为基本农田区，村东南部为工业区，而村东北部则为基本农田区。

土地适宜性评价

评价标准

根据村庄用地类别，土地上的附属物和景观价值对土地适宜性给予评分。

① 用地类别

工业用地　农业用地　农村居民点

② 土地上附属物

工业用地　农业用地　农村居民点

厂房　仓库　水稻　蔬菜　草莓　桔子　房屋　设施　场地

③ 景观价值

河道景观　村宅风貌　农田景观

林地景观　人文景观　其他景观

适宜性评价

适建区
限建区
禁建区

村宅风貌整治

房屋翻修

对于老旧的房屋，对其进行翻修来使得有良好的风貌。

房屋拆除

一些棚户区的房屋，对其采取拆除的措施来防止造成村庄风貌的不利影响。

改善环境

房屋情况较好但环境较差的地方，可通过改善环境来营造村庄风貌。

原样保留

房屋情况良好且环境较好的地方，可以对房屋原样保留。

分项图

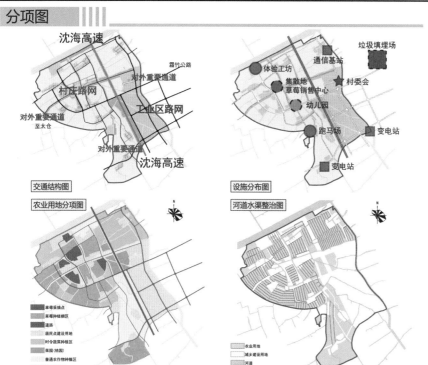

沈海高速
霜竹公路
对外重要通道
村庄路网
工业区路网
对外重要通道
至太仓
对外重要通道
沈海高速

体验工坊
通信基站
垃圾填埋场
集散地
草莓销售中心
村委会
幼儿园
跑马场
变电站
变电站

交通结构图
设施分布图
农业用地分项图
河道水渠整治图

草莓采摘点
草莓种植棚区
道路
居民点建设用地
时令蔬菜种植区
果园（桔园）
普通农作物种植区
弹性种植区

农业用地
城乡建设用地
河道
灌溉水道和水渠

村庄结构

作物区
内部联系轴
交通主轴
城镇居民点
服务核心
草莓区
交通主轴
内部联系轴
内部联系轴
果园区
分隔带
联系轴

服务核心　　主轴
农业区　　　分隔带

概念结构图

一带：一条隔离带
两轴：主要联系轴
三类：三种功能
四区：四个分区

灯塔村

总平面图

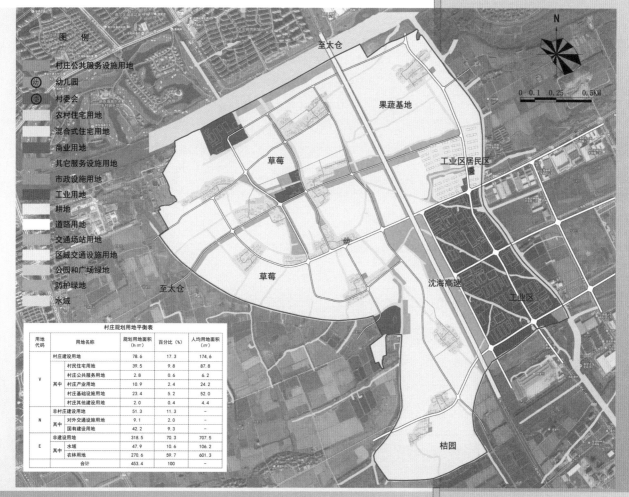

图　例

村庄公共服务设施用地
幼　幼儿园
村　村委会
农村住宅用地
混合式住宅用地
商业用地
其它服务设施用地
市政设施用地
工业用地
耕地
道路用地
交通场站用地
区域交通设施用地
公园和广场绿地
防护绿地
水域

至太仓
果蔬基地
工业区居民区
草莓
沈海高速
草莓
至太仓
工业区
桔园

N

0 0.1 0.25 0.5KM

村庄规划用地平衡表

用地代码		用地名称	规划用地面积（hm²）	百分比（%）	人均用地面积（m²）
V		村庄建设用地	78.6	17.3	174.6
	其中	村民住宅用地	39.5	9.8	87.8
		村庄公共服务用地	2.8	0.6	6.2
		村庄产业用地	10.9	2.4	24.2
		村庄基础设施用地	23.4	5.2	52.0
		村庄其他建设用地	2.0	0.4	4.4
N		非村庄建设用地	51.3	11.3	—
	其中	对外交通设施用地	9.1	2.0	—
		国有建设用地	42.2	9.3	—
E		非建设用地	318.5	70.3	707.5
	其中	水域	47.9	10.6	106.2
		农林用地	270.6	59.7	601.3
		合计	453.4	100	

详细规划平面图

灯塔村

详细规划鸟瞰图

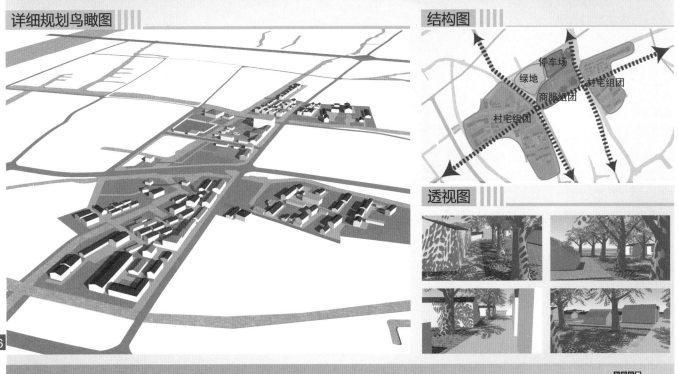

结构图

停车场
绿地
村宅组团
商服组团
村宅组团

透视图

嘉定区外冈镇葛隆村村庄规划

区位分析

宏观层面

葛隆村原来是一个小集镇，因其位于江苏与上海的交界处，故在古代贸易来往密集，经济较发达，但随着上海和江苏发展重点的转移，葛隆集镇逐渐衰落。

中观层面

外冈镇位于嘉定的西北部，葛隆村位于外冈和嘉定市级工业区的发展轴上，工业区吸引外来人口就业人口较多，故葛隆集聚了较多的外来人口。

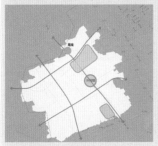

微观层面

葛隆村位于外冈镇的西北部，因为曾经是集镇，故拥有较完善的公共设施，葛隆作为外冈的中心村之一借助204国道的优势及完善的公共服务系统为周边提供服务

人口分析

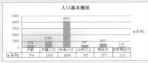

葛隆村常住人口5253人，户籍人口1053人，外来人口4200人人口密度：4775人/km²，人口密度大

2014年葛隆村人口概况	数量	单位
一.户数	324	户
二.常住人口	5253	人
1.按户籍、非户籍分		
户籍人口	1053	人
非户籍人口	4200	人
2.按性别分		
男	2519	人
女	2734	人
三.外来人口增长率	2.57	%/年
四.户籍人口增长率	-0.46	%/年
五.人口密度	4775.45	人/平方千米
六.人口综合增长率	2.22	%/年
七.人均居住用地	22.84	平方米/人

人均居住用地面积仅22.84人/m²，国家标准人均建设用地面积最少50平方米，中心村居住用地最少占建设用地55%，推算最低27.5人/㎡，现状比应建设低了近5人/平方米。

人口自然增长率为负年龄结构为衰退型

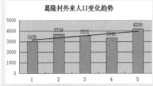

葛隆村外来人口呈上升趋势。
但由于葛隆村居民点集中，外来人口与本地人口混居。
存在混合居住程度高、人口居住密度大、人口素质不高等问题。

现状分析

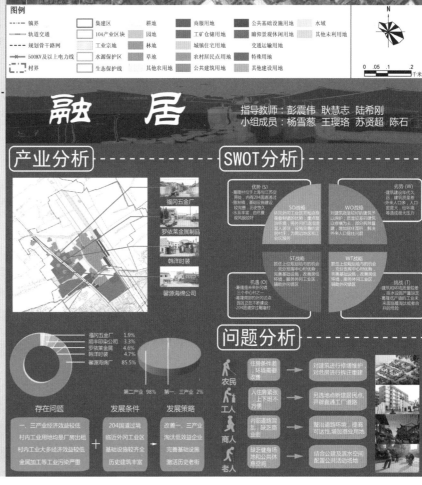

融 居

指导教师：彭震伟 耿慧志 陆希刚
小组成员：杨雪葱 王璎珞 苏贤超 陈石

产业分析

福冈五金厂
罗依莱金属制品
韩洋时装
馨源海绵公司

- 福冈五金厂 1.9%
- 顺丰印染公司 3.3%
- 罗依莱金属 4.6%
- 韩洋时装 4.7%
- 馨源海绵厂 85.5%

第二产业 98%　第一、三产业 2%

存在问题　发展条件　发展策略

一.三产业经济效益较低
村内工业用地多是厂房出租
村内工业大多经济效益较低
金属加工等工业污染严重

204国道过境
航近外冈工业区
基础设施较齐全
历史建筑丰富

改善一、三产业
淘汰低效益企业
完善基础设施
激活历史老街

SWOT分析

优势(S)
劣势(W)
SO战略　WO战略
机遇(O)
ST战略　WT战略
挑战(T)

问题分析

农民　工人　商人　老人

住房条件差环境需改善
人住房紧张上下班不方便
内部道路缺乏缺乏商铺
缺乏健身场地公共休息空间

对建筑进行修缮维护
对危房进行拆迁重建
另选地点新建居民点
开辟直通工厂道路
整治道路环境，提高可达性，增加商业用地
结合公建及滨水空间配置公共活动场地

嘉定区外冈镇葛隆村村庄规划

村域现状要素

现状问题

房屋老旧，采光不足，许多房子已成为危房

主要种植水稻，没有主要经济作物，产值较低

五金加工，金属制品等工厂污染严重，耗能高，产值一般

外来人口多，住房少，居住环境差，缺少生活设施

资源优势

张氏住宅，药师殿等多个登记保护建筑

撤制镇优势，公共设施较为完善，使用情况良好

乡村景观未遭到破坏，万亩良田，田园风光较好

204国道穿过境内，南部有工业区，正在开发

村域发展定位

环境道路整治

- 住房改善
- 历史保护
- 公共绿地空间营造
- 融合居住

发展定位：
与产业相融合的居住后勤组团

葛隆一方面作为外冈的中心村为外冈镇工业区就业人口提供居住等服务，另一方面作为外冈的后勤为外冈缓解人口拥挤等压力，力争打造一个设施完善，各区人民融合共居的和谐村庄

规划策略

策略一 工业用地置换为居住和商服用地

工业用地 ⇒ 居住用地 + 商服用地

策略二 完善基础设施

居住用地 ⇐ 增建 幼儿园 + 养老院

策略三 改善居住环境

破旧房屋 ⇒ 改建 新建住宅 + 公共场地

村庄风貌

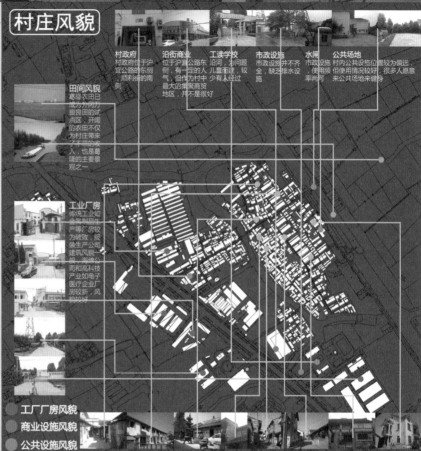

村政府
村政府位于沪宜公路的东侧，顾浦河的南侧

沿街商业
位于沪宜公路东侧，有一定的人气，但作为村中少有人经过地区，并不是很好

工读学校
儿童重建，较大

市政设施
市政设施并不齐全，缺乏排水设施

水闸
市政设施，使用频率尚可

公共场地
村内公共设施位置较为偏远但使用情况较好，很多人愿意来公共场地来健身

田间风貌
葛隆农田已成为外冈万亩良田的试点区，开阔的农田不仅为村庄带来了不菲的收入，也是葛隆的主要景观之一

工业厂房
传统工业如金属制品生产等厂房较为破败，服装生产公司建筑风貌一般，而公司和高科技产业如电子医疗企业厂房较新，风貌较好

药师殿
爱冀兴寺曾经香火不太旺，建筑质量保存较好

老宅
内部已无人居住，许多老宅缺乏修葺

老街风貌
老街位于顾浦河南侧的民间地区，但内容已无人住，部分结构被损情况并不容乐观

私人农宅
老街东侧有一些私人农宅，整体建筑风貌比北侧的好，独栋建筑数量较少

东北部居民建筑
村庄北部用地地区居民建筑多于上世纪70年代建造，因年久失修，上住建筑质量和建筑风貌较差，已成为危房

- 工厂厂房风貌
- 商业设施风貌
- 公共设施风貌
- 乡村建筑风貌
- 自然田园风貌

融 居

指导教师：彭震伟 耿慧志 陆希刚
小组成员：杨雪葱 王璎珞 苏贤超 陈石

空间适宜性评价和策略

工业用地置换

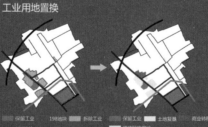

保留工业 198地块 拆除工业 保留工业 土地复垦 商业转移
104地块 增建居住用地

198地块 ⇒ 按上位规划土地复垦 ⇒ 保留高效益企业
104地块 ⇒ 按上位规划保留

土地适宜性评价

不适宜 低适宜 中适宜 高适宜 最适宜

高压走廊 ⇒ 防护绿带
郊环线 ⇒ 防护绿带
商业用地 ⇒ 用地转移

居住用地规模：

👤 = 7:1

根据国家村镇规划标准，常住人口按自然增长和机械增长来计算，得出常住户籍人口在1000左右浮动，常住外来人口预计7000左右。

规划居住用地面积	预计常住人口	住宅用地面积
15.897公顷	8000人	6.892公顷
混合住宅用地	人均居住面积	人均公建面积
9.005公顷	21.93㎡/人	3.61㎡/人

住宅用地 外来常住人口 户籍常住人口 混合住宅用地

嘉定区外冈镇葛隆村村庄规划

葛隆村

用地代码	用地名称		用地面积（hm²）规划
V	村庄建设用地		30.0862
	其中	村民住宅用地	15.897
		村庄公共服务用地	2.8868
		村庄产业用地	9.1633
		村庄基础设施用地	2.1391
		村庄其他建设用地	0
N	非村庄建设用地		15.2662
	其中	对外交通设施用地	3.3727
		国有建设用地	11.8935
E	非建设用地		106.6821
	其中	水域	13.1634
		农林用地	93.5187
		其他非建设用地	0

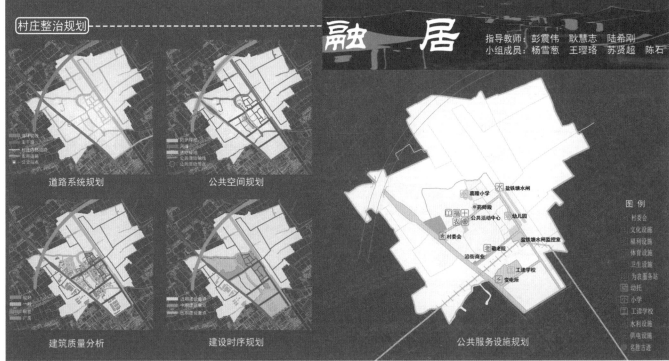

融居

指导教师：彭震伟 耿慧志 陆希刚
小组成员：杨雪葱 王璎珞 苏贤超 陈石

村庄整治规划

道路系统规划　公共空间规划

建筑质量分析　建设时序规划　公共服务设施规划

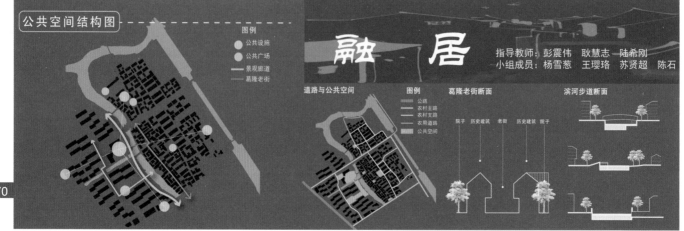

嘉定区外冈镇葛隆村村庄规划

村庄修建性详细规划总平面图

葛隆村

现状小学

规划幼儿园

规划义塾启动区

现状村委会

药师殿

N

0m 20m 50m 100m

图例
- 保留历史建筑
- 改建历史建筑
- 药师殿
- 新建建筑
- 公共建筑
- 耕地
- 绿地
- 铺地

公共空间结构图

图例
- 公共设施
- 公共广场
- 景观廊道
- 葛隆老街

融 居

道路与公共空间

图例
- 公路
- 农村主路
- 农村支路
- 农用道路
- 公共空间

葛隆老街断面
院子 历史建筑 老街 历史建筑 院子

滨河步道断面

指导教师：彭震伟 耿慧志 陆希刚
小组成员：杨雪葱 王璎珞 苏贤超 陈石

上海市嘉定区外冈镇泉泾村村庄规划

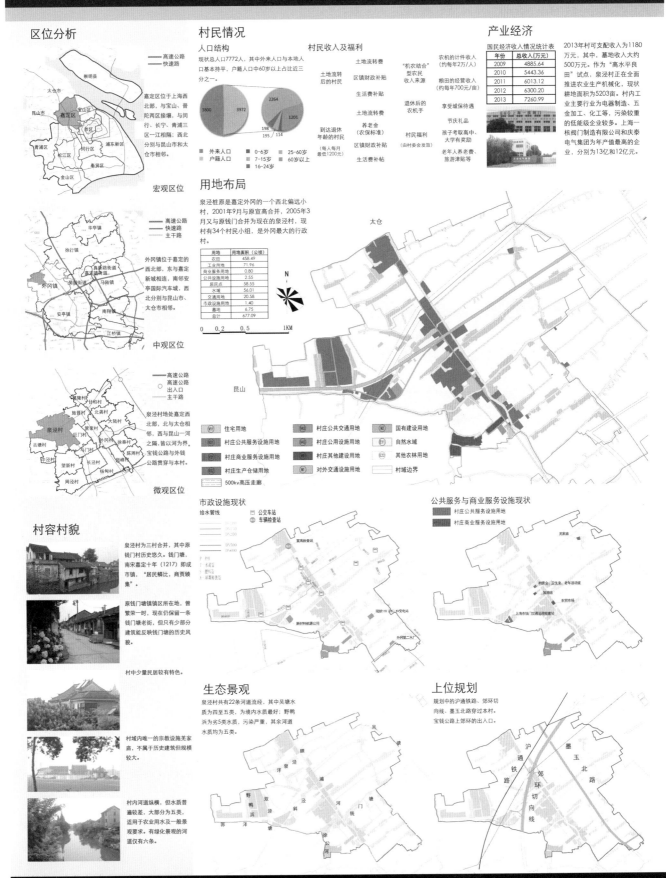

区位分析

—— 高速公路
—— 快速路

嘉定区位于上海西北部,与宝山、普陀两区接壤,与闵行、长宁、青浦三区一江相隔;西北分别与昆山市和太仓市相邻。

宏观区位

—— 高速公路
—— 快速路
—— 主干路

外冈镇位于嘉定的西北部,东与嘉定新城相连,南邻安亭国际汽车城,西北分别与昆山市、太仓市相邻。

中观区位

—— 高速公路
○ 高速公路出入口
—— 主干路

泉泾村地处嘉定西北部,北与太仓相邻,西与昆山一河之隔,皆以河为界。宝钱公路与外钱公路贯穿于本村。

微观区位

村民情况

人口结构

现状总人口7772人,其中外来人口与本地人口基本持平,户籍人口中60岁以上占比近三分之一。

■ 外来人口
■ 户籍人口

3800 3972

■ 0-6岁
■ 7-15岁
■ 16-24岁
■ 25-60岁
■ 60岁以上

2264
1201
198
195 / 114

村民收入及福利

土地流转费

土地流转后的村民
区镇财政补贴
生活费补贴
到达退休年龄的村民
区镇财政补贴
生活费补贴

"机农结合"型农民收入来源
农机的计件收入(约每年2万/人)
粮田的经营收入(约每年700元/亩)
退休后的农机手

享受域保待遇
土地流转费
养老金(农保标准)

节庆礼品
孩子考取高中、大学有奖励
老年人养老费、旅游津贴等

村民福利(由村委会发放)

产业经济

国民经济收入情况统计表

年份	总收入(万元)
2009	4885.64
2010	5443.36
2011	6013.12
2012	6300.20
2013	7260.99

2013年村可支配收入为1180万元,其中,墓地收入大约500万元。作为"高水平良田"试点,泉泾村正在全面推进农业生产机械化,现状耕地面积为5203亩。村内工业主要行业为电器制造、五金加工、化工等,污染较重的低能级企业较多。上海一核阀门制造有限公司和庆泰电气集团为年产值最高的企业,分别为13亿和12亿元。

用地布局

泉泾桩原是嘉定外冈的一个西北偏远小村,2001年9月与原宜高合并,2005年3月又与原钱门合并为现在的泉泾村,现村有34个村民小组,是外冈最大的行政村。

用地	用地面积(公顷)
农田	458.49
工业用地	71.96
商业服务用地	7.80
公共设施用地	2.55
居民点	58.55
水域	56.01
交通用地	20.58
市政设施用地	1.40
墓地	6.75
总计	677.09

太仓

N

昆山

0   0.2   0.5   1KM

V1 住宅用地
V21 村庄公共服务设施用地
V71 村庄商业服务设施用地
V91 村庄生产仓储用地
V42 村庄公共交通用地
V43 村庄公用设施用地
W 村庄其他建设用地
M2 国有建设用地
E11 自然水域
E2 其他农林用地
村域边界
对外交通设施用地
500kv高压走廊

村容村貌

泉泾村为三村合并,其中原钱门村历史悠久。钱门塘,南宋嘉定十年(1217)即成市镇,"居民鳞比,商贾辐集"。

原钱门塘镇镇区所在地,曾繁荣一时,现仍保留一条钱门塘老街,但只有少部分建筑能反映钱门塘的历史风貌。

村中少量民居较有特色。

村域内唯一的宗教设施羌家庙,不属于历史建筑但规模较大。

村内河道纵横,但水质普遍较差,大部分为五类,适用于农业用水及一般景观要求。绿化景观的河道仅有六条。

市政设施现状

给水管线
公交车站
车辆检查站

公共服务与商业服务设施现状

村庄公共服务设施用地
村庄商业服务设施用地

生态景观

泉泾村共有22条河道流经,其中吴塘水质为四至五类,为境内水质最好;野鸭浜为劣5类水质,污染严重,其余河道水质均为五类。

上位规划

规划中的沪通铁路、郊环切向线、墨玉北路穿过本村。宝钱公路上郊环的出入口。

沪通铁路
郊环切向线
墨玉北路

指导老师:彭震伟 耿慧志 陆希刚   小组成员:叶凌翎 姚鹏宇 王天尧 赵远 阿马尼

泉泾村

上海市嘉定区外冈镇泉泾村村庄规划

泉泾村

村庄发展前景

村庄要素提取

有利因素

农业机械化程度高、发展态势良好

公交站点多、高等级道路较多

有经营性基因，贡献50%的村年可支配收入

钱门塘与老街历史悠久，为原集镇中心

不利因素

地理位置偏远，地处嘉定最西端

铁路、高架快速路、高压走廊穿越村域

工业能级低，污染严重

房屋质量差

村庄发展定位

经济发展
- 农业加速规模化耕作进程
- 工业减量、优质发展
- 扩大墓葬经济，发展特色墓葬及周边产业

村庄整治
- 提升村民住房质量及生活环境
- 完善公共服务设施及市政基础设施配套
- 提高村庄生态环境质量，减少污染

服务人群
- 泉泾村村民：户籍常住人口、外来务工人员
- 清明、冬至时节前来扫墓踏青的访客

人口规模估算
随着村庄环境改善，泉泾村将吸引更多户籍人口回村居住。预测户籍人口中常住人口的比例将从30%升至50%，外来人口因工业企业减量而大幅减少。

估算至2040年泉泾村常住人口约3230人，其中本地常住人口约1986人，外来人口约为1244人。

规划要点

- 2040年为规划目标年，以3230人为常住人口规模；
- 推广农业规模耕作；
- 强化墓葬特色产业；
- 减量发展工业；
- 疏浚河道，改善生态环境；
- 整合宅基地空间布局，整治村庄建成环境。

产业发展态势

农业

提升农业机械化水平，继续建设高水平粮田，"田成方，林成网，渠相通，路相连，旱能灌，涝能排，渍能降"，增加有效种植面积。

农产品以晚稻及冬小麦为主，结合种植油菜与西甜瓜等经果。

油菜：2-4月开花、5月底收割
小麦：水旱轮作，5-6月收割
晚稻：10月下旬-11月收割

工业

全村的工业用地均为上海"198"区域工业用地，泉泾村未来淘汰及置换大量低能级工业用地，工业收入不再作为村支配收入的主要来源。

现有工业企业

用地规模变化

工业用地
原有工业用地面积：61.82
减量后工业用地面积：25.45公顷
墓葬用地
原有墓基地面积：5.67公顷
扩张后墓基地面积：19.9公顷

工业用地减量36.37公顷

基地增量14.23公顷

墓葬产业

上海墓地资源紧缺，保守估算，目前上海殡葬每年消耗土地在100亩至120亩。截至目前，上海可使用墓葬资源还剩2000亩左右。泉泾墓葬仍有发展空间。

泉泾村望仙安息园

为永久性经营性公墓，上海市共44座经营性公墓，交通方便，主营墓葬业务、骨灰安放（存寄、壁葬）。未来规划面积为500亩。

上海约70%的人去世后选择葬骨灰墓葬。骨灰墓葬占地较大，硬地率较高。目前有部分村民倾向于选择环保、价廉低的壁葬和树葬。

建设泉泾特色墓园
- 扩大现有传统墓葬区
- 结合外冈腊梅发展生态树葬
- 发展殡葬周边产业及季节性农家乐

A、B：隔离林带
D：殡仪馆、管理用房
E：公共停车场
F：规划传统墓葬区
G、H：现状传统墓葬区

树葬
壁葬

居民点用地适宜性评价

适宜等级	评价因素						
	与500kv高压线的距离	与铁路的距离	与快速路的距离	与主干路的距离	与工厂的距离	与基地道路通达度	与河流水系的距离
0	0-37.5m	0-60m	0-50m	0-20m	0-100m	0-100m	>500m
1	>37.5m	60-220m	50-100m	20-100m	>200m	>200m	300-500m
2		220-400m	100-200m	50-100m	>200m		100-300m
3		>400m	>200m	>100m			100-300m
指标权重	0.2	0.2	0.15	0.1	0.1	0.05	0.1

1.05-1.75 不适宜
1.75-2.05 较不适宜
2.05-2.25 基本适宜
2.25-2.4 适宜

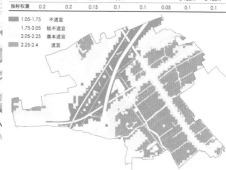

空间规划策略

道路网梳理

按照上位规划，墨玉北路向北延伸，外钱公路由交通性干道转变为生活性道路。同时尊重现有村路进行路网梳理。

按照高水平粮田的基本规模：350m×45m，在宝钱公路以北粮田中布置机耕路主干路，在宝钱公路以南主要依托村庄支路以兼具机耕路的功能。

图例
- 快速路
- 城市主干路
- 村庄主要道路
- 村庄支路
- 机耕路
- 高水平粮田基本模块

宅基地整合

拆建的村民点特点
- 在大型基础设施的影响范围内
- 紧邻工业用地
- 远离村中心及服务设施，对高水平粮田建设不利

整合策略：延续原有村落沿河生长的空间特点，布置拆迁安置的村民点

图例
- 拆建的村民点
- 保留的村民点
- 新增的村民点

原有村民点

新增村民点

工业减量

保留单位产值高的工业企业，淘汰污染严重的企业，置换成高能低污染的企业

图例
- 一类工业
- 二类工业
- 三类工业
- 保留工业企业
- 置换工业企业
- 淘汰工业企业

其余工业用地整合至镇区的产业园区

外冈工业园
汽车等部件产业园

河道整治

打通、连结"断头河"
提升河道流速、自净能力及行洪排涝能力，构成"微循环"

严控工厂排污，提升河道水质

图例
- 现状河道
- 规划新增河道

新增河道
原有河道

指导老师：彭震伟 耿慧志 陆希刚　　小组成员：叶凌翎 姚鹏宇 王天尧 赵远 阿马尼

用地规划图

农用地布局建议图

图例

- 高水平粮田
- 林地
- 蔬果田
- 油菜花田
- 农业展示田

农用地共386.25公顷，其中林地占6.8公顷。
全村基本农田为除林地之外的所有农田，共379.45公顷。永久性基本农田为图中所有高水平粮田及油菜花田用地，共353.53公顷。

公共设施及市政设施规划图

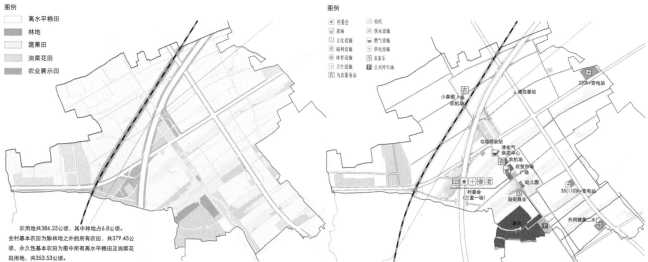

泉泾村

上海市嘉定区外冈镇泉泾村村庄规划

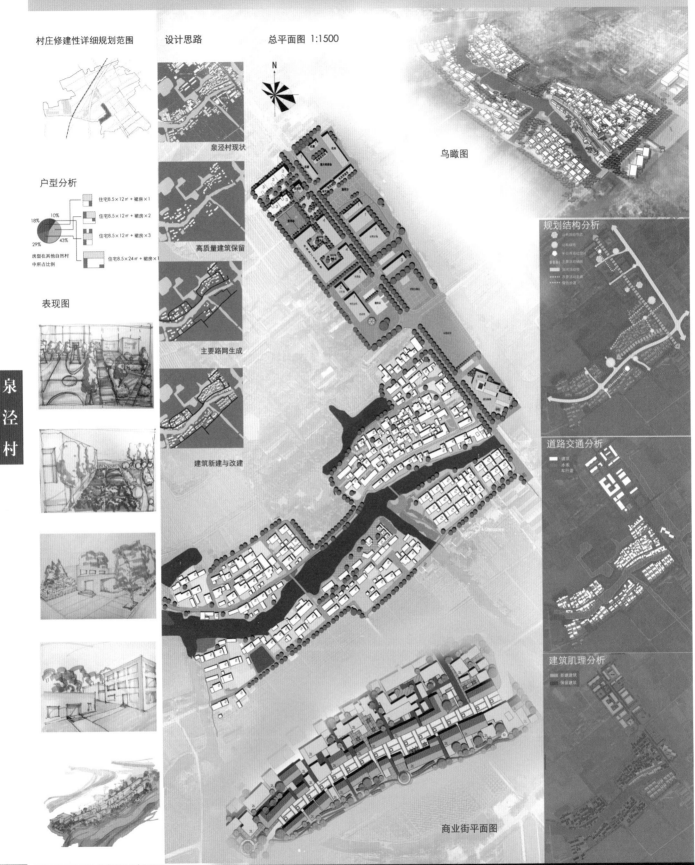

村庄修建性详细规划范围

设计思路

总平面图 1:1500

泉泾村现状

高质量建筑保留

主要路网生成

建筑新建与改建

户型分析

住宅8.5×12㎡ + 裙房×1
住宅8.5×12㎡ + 裙房×2
住宅8.5×12㎡ + 裙房×3
住宅8.5×24㎡ + 裙房×1

18%
10%
29%
43%

房型在其他自然村中所占比例

表现图

鸟瞰图

规划结构分析

道路交通分析

建筑肌理分析

商业街平面图

泉泾村

指导老师：彭震伟 耿慧志 陆希刚　　小组成员：叶凌翎 姚鹏宇 王天尧 赵远 阿马尼

上海市嘉定区徐行镇小庙村村庄规划

绿色小庙

区位概况

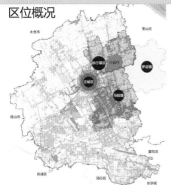

上海市层面区位

嘉定区是上海西北部的郊区之一，东与宝山、普陀两区接壤，西与江苏省昆山市毗连，南接嘉定区相望，与闵行、长宁、青浦区相望。与青浦、松江、临港成为上海的副中心。

嘉定区层面区位

徐行镇位于嘉定东北部，紧邻新城区。

小庙村属徐行镇，东邻和桥村，西邻徐行镇区，南邻马陆镇，北临曹王村、钱桥村。

距嘉定城区5.4km。距徐行镇区1.3km。

上位规划

《绿色徐行总体规划（2005-2020）》

规划确定徐行镇的城镇性质为：发展成为嘉定主城区外围较大规模，以科技研发产业为特色，生态环境优良的，具有"绿色、科技、人文"特色的新市镇。

"一心"是指在新建一路、澄浏路附近建设以行政中心、公园、商业服务等功能有机组合的城镇内核。"一轴"是指以新建一路为发展轴，两侧建设现代化居住社区，大力发展商业和住宅，联系新老镇区。"三区"是指以徐行老镇为依托建设的新镇区、盛创科技园和以曹王老镇为依托建设的工业区。小庙村西侧部分用地已经被划入镇区的规划建设用地范围，小庙村西北角部分用地规划为徐行镇的居住用地，作为徐行镇的动迁基地。

《嘉定区区域总体规划实施方案（2006-2020年）》

小庙村位于处于四大板块中的北部板块的徐行新市镇片区内。规划北部板块重点以第一产业和第二产业为主。嘉宝发展轴着眼于远期功能提升、空间整合，为徐行镇带来新的发展机遇。

在产业用地规划导向上，小庙村位于产业整合消减地区，规划产业用地在现状基础上进行适量优化、整合、消减，进一步集约化土地利用，提升产业用地效率。小庙村所在徐行新市镇地区的产业用地总体规模通过整合后适量消减。

徐行镇镇区是人口基本稳定区域；需要结合产业结构和空间布局优化大规模整合现有零星建设用地，建设用地总量整合消减超过30%。

现状系统图

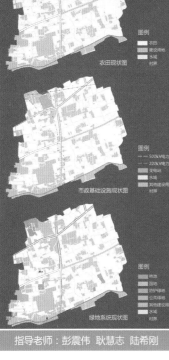

土地使用现状图

图例

V11	村民住宅用地
V21	村庄公共服务设施用地
★	村委会
⊞	社区卫生服务中心
	体育设施
⊠	文化设施
V31	村庄商业服务业设施用地
	菜场
V32	村庄生产仓储用地
V41	村庄道路用地
N2-R11	一类居住用地
N2-A35	科研用地
N2-U12	供电用地
N2-G2	防护绿地
N2-G1	公共绿地
E11	自然水域
E21	设施农用地
E22	农用道路
E23	耕地
E23	园地
E23	林地
E23	特色农业种植用地
	在建用地
	村界
	500KV电力线
	220KV电力线

现状分析

经济

小庙村经济状况不佳，在徐行镇共9个行政村中排名第八。

产业以工业为主，工业产值占达到全部产业的80%。工业中则以制造业为主，由于规模小、科技含量低，经济效益较差，同时还对村内环境造成一定污染。

第一产业目前重较小。大部分耕地种植水稻，经济效益低。但村内的黄瓜种植、鸟类养殖及林业具有较大发展潜力。黄瓜基地占地3000亩，每亩年产值可达三万元。村内嘉祥鸵鸟场占地127亩，饲养有鸵鸟、蓝孔雀等稀少鸟类。林业则是近年来小庙村产业的发展倾向。

二产效益低。一产目前萎靡，但特色产业发展前途光明，可带动小庙村产业提升。

村内企业情况一览

企业名称	产业类型	用地规模（公顷）	年产值（万元）	员工总数	本村员工
上海佳京贸易有限公司	制造业	0.2	1173	26	0	宝山区2328号
上海沪明生嘉有限公司	制造业	0.2	1500	47	20	嘉定区2064号
上海欣嘉装璜有限公司	制造业	0.5	2300	31	11	嘉定区2488号等

产业

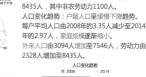

各村年总收入（万元）

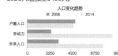

人口

小庙村常住人口12182人，共有29个村民组。男性4953人，女性为7229人。户籍人口4636人（总户数1561户），其中60岁以上老人1810人；外来人口7546人。劳动力合计8435人，其中非农劳动力1100人。

人口变化趋势：户籍人口呈缓慢下降趋势。每户平均人口由2008年的3.35人减少至2014年的2.97人，家庭规模逐渐缩小。外来人口由3094人增加至7546人，劳动力由2328人增加至8435人。

人口变化趋势

居民意愿

1. 43.6%只接受独栋宅基地，28.5%接受其他形式别墅，27.9%接受居住小区。
2. 26.1%希望建多层房型。
3. 76.8%村民希望迁入镇区。

1. 对卫生院、医院、户外公共活动场地、日用品市场、集中垃圾收集有需求。
2. 大部分对文化娱乐、休闲场地不满意。
3. 对学校基本无需求。

1. 仅8%人口希望在本村工作，90%希望在村外附近镇工作。

	现状	
居住	1. 建筑质量较差，大多建于上世纪80-90年代。 2. 宅基地占面积大 3. 居住构成（15.3%一代，20.7%两代，43.6%三代，11.2%四代）	
公建配套	1. 老年人口多（1810人），总人口15%，户籍人口39%，老龄化程度在嘉定(27.9%)和徐行(35.8%)都属较高水平。	
工作	1. 农业劳动力：非农劳动力 87%：13% 2. 户籍人口分别40%：54%：6%在本村；镇区或城区；其他区域工作。 3. 流动人口分别32%：54%：14%在本村；镇区或城区；其他区域工作。	

家庭结构

户籍人口居住形态意愿

村民居住方向意愿

户籍人口工作分布现状

外来人口工作分布现状

指导老师：彭震伟 耿慧志 陆希刚　　　　　　成员：蔡纯婷　吴怡沁　景正旭

上海市嘉定区徐行镇小庙村村庄规划

绿色小庙

规划定位

小庙村的发展以"绿色、宜居"为核心，凭借紧邻镇区的区位优势，积极发展现代农业、林业、养殖业等第一产业，集科技研发、生态展示、健康人居等多种功能于一体。

概念诠释

自上而下III

绿色 徐行

绿色生态产业平台
兼顾经济环境效益

林业
用地5年内增长25万平米

生态环境良好，基本农田面积大

保护改善生态环境
合理布置防护绿地

嘉宝菇乐场
嘉宝集团下属重点发展企业

徐行三大蔬果基地
联绿蔬果基地
菜篮子工程供应商

双惠蔬果基地黄瓜为特色
世博会供应商

房屋建造年代久远，建筑质量差

人与自然相互融合

需隔离的设施
500KV变电站
高压走廊
应用物理分所

市政基础薄弱，污水未纳管，未使用管道燃气

田园美
自然风光、田园景观

大量基本农田展现田园风光

村庄美
农房院落、基础设施

水系纵横，河流密布

紧邻镇区公共服务中心，但自身缺乏商业文化活动设施

生活美
居民收入、公共服务

美丽 宜居 村庄规划
（住建部）

自下而上III

规划策略

绿色

产业

加强第一产业建设
（有机农业、养殖业及林业）
缩减第二产业比重
填补第三产业空白

生态

复垦农田，增加农田面积
合理配置林带
（着重关注高压走廊、应用——物理分所等敏感区域）

宜居

村民居住

户籍人口居住形式意愿

满足多样居住形式意愿并改善居住质量

保留部分宅基地面积
（占现状总面积40%，需对其进行修缮）

新建居住小区
（可容纳30%户籍人口，与镇区居住相结合）

新建联排别墅
（可容纳30%户籍人口，区位便利）

外来人口居住

2008

2014

满足其居住需求

新建集体公寓
（可容纳现有外来人口数量，位于镇区附近）

社区服务

教 医
倚靠镇区学校、医院等公共服务
（距离小庙村委会1.1-1.8km不等）

十 文
配置医疗卫生室、文化活动中心
（村内集中设置一处）

老 健
配置老年活动室、健身点和商业设施
（各居民点组团均设置一处）

杂 商业
菜 商
配置农贸市场和综合性零售商场
（村内交通便利处集中设置一处）

规划实现手段：土地流转

缩减工业用地 → 建设用地指标流转 → 获取资金 → 集中建设第一产业 → 转变产业结构 / 提高经济效益 / 改善生态环境质量

农民宅基地置换 → 实体流转 → 新建联排别墅 / 新建居住小区 / 新建外来人口集体公寓 → 满足村民不同居住需求 / 为外来人口提供安身之所

指标流转 → 获取资金 → 修缮更新保留宅基地房屋 / 跟进公共服务配套设施建设

工业用地减量对象筛选

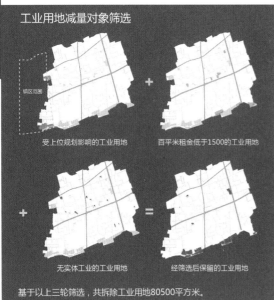

镇区范围

受上位规划影响的工业用地 + 百平米租金低于1500的工业用地 +

无实体工业的工业用地 = 经筛选后保留的工业用地

基于以上三轮筛选，共拆除工业用地80500平方米。

宅基地减量对象筛选

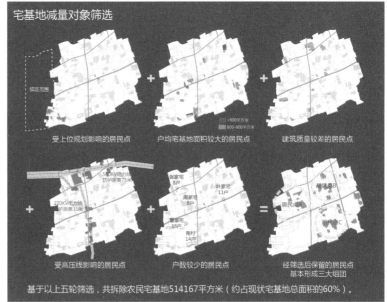

镇区范围

受上位规划影响的居民点 + 户均宅基地面积较大的居民点 + 建筑质量较差的居民点

500KV电力线防护距离75米
220KV电力线防护距离35米

张家宅 8户
蒋家宅 8户
叶家宅 11户
曹家宅 16户
南村 14户

受高压线影响的居民点 + 户数较少的居民点 = 经筛选后保留的居民点 基本形成三大组团

基于以上五轮筛选，共拆除农民宅基地514167平方米（约占现状宅基地总面积的60%）。

绿色基础设施

防护高压走廊
扩大黄瓜基地面积
隔离应用物理分所

疏通水道形成网络

农田 林地
有机农业 国地

原有水系 新拓挖水系

建设用地增减挂钩

用地性质	用地面积变化(单位:m²)	村集体年收入变化(单位:RMB)
工业仓储	-89500	-492.66万 村内工业租金均价0.17元/平方米/天
有机农业	+110920(不计入建设用地)	+499.12万 双惠蔬果基地年产值3万/亩
合计	-89500	+6.47万

居住用地规划

新建联排别墅 保留居民小区
新建集体公寓 新建居住小区 保留农村宅基地

建设用地增减挂钩

居住形式	用地面积变化(单位:m2)	居住人口数
农民宅基地	-514160	-2782
联排别墅	+171957	+1391(4636×30%)
居住小区	+86043	+1391(4636×30%)
集体公寓	+76498	+7546
合计	-179662	人均建筑面积以75(小区)75(小区)15(公寓)计

资金平衡分析

土地出让金	+8.61亿	(科研及医疗用地)土地出让金以1120万元/亩计
指标流转	+2.00亿	占补平衡指标费50万/亩计
拆迁补偿	-7.3亿	2014年徐行房价均以15000元/平方米计
建设费用	-2.48亿	公寓按每平方米1000元计，别墅按每平方米500元计
合计	+8300万元	

指导老师：彭震伟 耿慧志 陆希刚　　　　　　　　　　成员：蔡纯婷 吴怡沁 景正旭

上海市嘉定区徐行镇小庙村村庄规划

绿色小庙

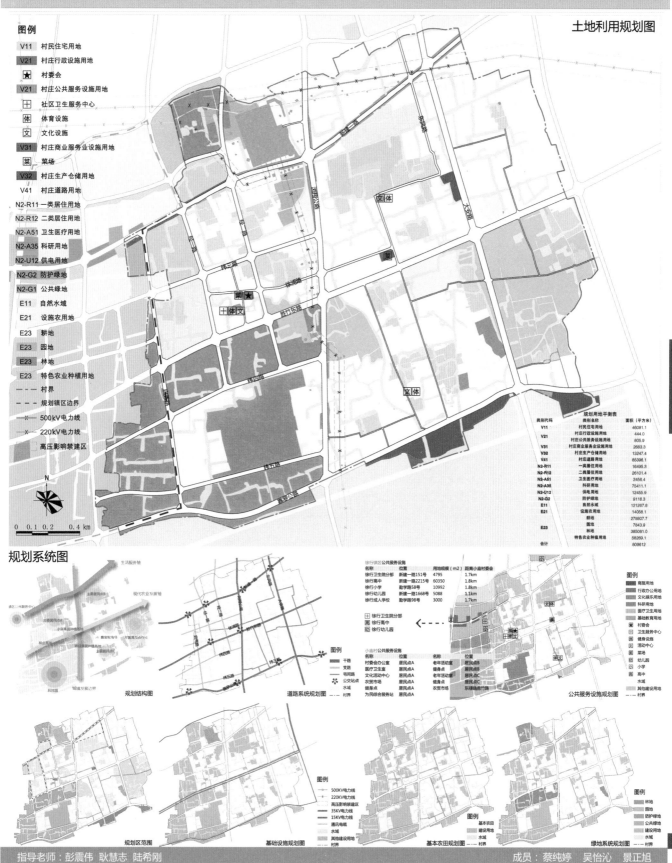

土地利用规划图

图例

- V11 村民住宅用地
- V21 村庄行政设施用地
- ★ 村委会
- V21 村庄公共服务设施用地
- 社区卫生服务中心
- 体 体育设施
- 文 文化设施
- V31 村庄商业服务业设施用地
- 菜 菜场
- V32 村庄生产仓储用地
- V41 村庄道路用地
- N2-R11 一类居住用地
- N2-R12 二类居住用地
- N2-A51 卫生医疗用地
- N2-A35 科研用地
- N2-U12 供电用地
- N2-G2 防护绿地
- N2-G1 公共绿地
- E11 自然水域
- E21 设施农用地
- E23 耕地
- E23 园地
- E23 林地
- E23 特色农业种植用地
- —·— 村界
- — — 规划镇区边界
- ×—× 500kV电力线
- ×—× 220kV电力线
- 高压影响禁建区

N

0 0.1 0.2 0.4 km

规划用地平衡表

类别代码	类别名称	面积（平方米）
V11	村民住宅用地	46081.1
V21	村庄行政设施用地	444.0
	村庄公共服务设施用地	805.9
V31	村庄商业服务业设施用地	2683.3
V32	村庄生产仓储用地	13247.4
V41	村庄道路用地	85306.1
N2-R11	一类居住用地	16495.3
N2-R12	二类居住用地	26101.4
N2-A51	卫生医疗用地	2456.4
N2-A35	科研用地	75411.1
N2-U12	供电用地	12455.9
N2-G2	防护绿地	9118.3
E11	真然水域	121287.8
E21	设施农用地	14058.1
	耕地	278807.7
E23	园地	7843.9
	林地	385081.0
	特色农业种植用地	58269.1
	合计	809612

小庙村

规划系统图

规划结构图

道路系统规划图

徐行镇区公共服务设施

名称	位置	用地规模（m2）	距离小庙村委会
徐行卫生院分部	新建一路151号	4795	1.7km
徐行高中	新建一路2215号	60350	1.8km
徐行小学	勘学路58号	10992	1.8km
徐行幼儿园	新建一路1668号	5088	1.1km
徐行成人学校	勘学路98号	3000	1.7km

公共服务设施规划图

基础设施规划图

基本农田规划图

绿地系统规划图

指导老师：彭震伟 耿慧志 陆希刚　　　　成员：蔡纯婷 吴怡沁 景正旭

上海市嘉定区徐行镇小庙村村庄规划

绿色小庙

基地位置

道路交通

住宅肌理

- 新建住宅
- 原有宅改建

公共空间关系

- 公共功能中心
- 游憩活动中心
- 滨河游行服务
- 活动联系

小庙村

设计说明：

地块位于村庄规划中的生活居住带，内有己建成的居住社区和建筑质量风貌较好的村庄居民点。通过对居民点内部分违建建筑的拆除整理，创造适宜村民进行公共活动的场所，保持村庄原有居住风貌。地块北部依托新建一路便利的交通优势，建造集中的拆迁安置房，沿河设置丰富的公共活动空间，创造活力农村新社区。

设计思路：

通过对院落关系梳理和对原有违建危房的建筑环境整治，在村内院落组团之间创造积极的公共空间。

公共空间

通过对沿街院落关系的整治，保留村内原始街道尺度，梳理村内路网，提高道路辨识度与可达性。

宅基地边界
拆除

指导老师：彭震伟 耿慧志 陆希刚　　　　　成员：蔡纯婷 吴怡沁 景正旭

区位分析

仙溪镇有丰富的石灰石资源，大力兴办小型水泥厂，成为安化的"建材之乡"，于安化东部与梅城、清塘及高明构成产业带。

基地位于湖南省安化县仙溪镇。镇区面积1.56平方公里，镇域面积281.4平方公里。有国道207和二广高速经过。

基地区位分析

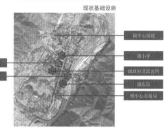

现状基础设施

- 镇中心绿地
- 镇小学
- 镇政府及派出所
- 镇卫生院
- 镇中心市场局
- 镇中学
- 邮政储蓄所

基地现状

现状道路交通

- 二广高速公路
- 规划路江桥
- 国道G207

现状产业设施

- 水泥制造厂
- 粮食种植业
- 商业服务业
- 木材加工业
- 畜牧养殖业
- 砖瓦、建筑材料

规划区范围
- V11村庄住宅用地
- V12混合住宅用地
- V31村庄商业服务业设施用地
- V02村庄生产仓储用地
- E11自然水域
- E22其他农林用地

用地适宜性评价

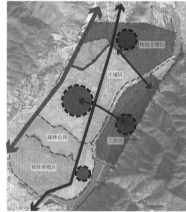

仙溪镇

- 适宜度较高
- 适宜度一般
- 适宜度较差

镇域规划结构

- 物流仓储区
- 主城区
- 工业区
- 森林公园
- 畜牧养殖区
- 镇中心

基地特征总结

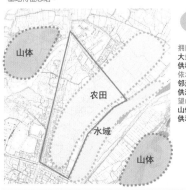

山体
农田
水域
山体

生态

拥田：
大量农田可供种植

依水：
邻近水源可供灌溉

望山：
山体景观可供观赏

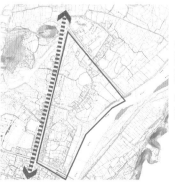

交通

依国道：
西邻国道207

望高速：
穿仙溪镇二广高速在建中

交通便利方便人口与物流进出

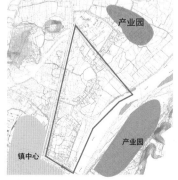

产业园

产业

依镇心：
邻近镇中心

望产园：
周边建设产业园区

镇中心与产业园提供良好就业前景

产业园
镇中心

人群构成现状

现状人口中，14岁到65岁的人口占75%，14岁以下的儿童占9%，65岁以上的老人占16%。而中青年之中60%的人口外出务工，40%的人口留村务农。

由于大量青壮年人口外出务工，留守的老人既要肩负务农工作，又要照顾家里的儿童。

基于对规划区域现状人口，同时考虑到外部迁入的人口，对规划区内人口的大致预计如下：

总户数	500户
总人数	2000人
均户人数	4人
14岁以下	160人
14岁-65岁	1540人
65岁以上	280人

中青年所占百分比　老人儿童所占百分比　外出人口所占百分比

劳动人口所占百分比

非外出劳动人口占劳动人口百分比

其中对于非外出劳动人口主要有以下几类：

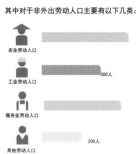

农业劳动人口

工业劳动人口　　300人

服务业劳动人口

其他劳动人口　200人

基本人群分类

人群构成

1. 生产销售经营人群　2. 一般务工人群　3. 工厂务工人群　　4. 务农人群　5. 留守老人、儿童

需求

公共活动空间　就近工作　→ 非务农人群 ← 良好生态环境 → 务农人群 ← 人气　公共设施

住房形式

（略）

人群来源分析

概念阐述

人们有充足的、便捷的、丰富的公共活动空间，能够满足各类人群的休憩活动，并为他们提供交流互动的机会。

园 —— "园日涉以成趣"

各类人群有与自己劳动能力、生产要素相适应的职业，他们能基本满足自己的物质文化需求并实现自己的价值。

田 —— "耕者有其田"

各类人群有与自己购买能力相适应的住宅并享受环境宜人，设施充足，社交丰富的幸福生活。

居 —— "居者有其室"

规划策略

农闲时

各种作物场地和固定活动场地结合，蔬菜田地供应少，果林供野餐玩耍

宅基地　作物A　作物B　活动场地　宅基地

作物A农忙

作物A田地转化为工作场地，活动转移到作物B田地和固定活动场地

宅基地　作物A　作物B　活动场地　宅基地

作物B农忙

作物B田地转化为工作场地，活动转移到作物A田地和固定活动场地

宅基地　作物A　作物B　活动场地　宅基地

各类人群有自己劳动能力、生产要素相适应的职业，他们能基本满足自己的物质文化需求并实现自己的价值。

农业劳动人群
工业劳动人群
服务业劳动人群
其他劳动人群

目标：为新村内各种人群提供就业机会

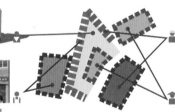

新村内：出租房屋

新村内：在沿街商铺工作
新村外：在镇中心工作

新村内：从事轻工业
新村外：从事水泥加工、木材加工等

新村内：从事蔬果经济作物生产
新村外：从事水稻等粮食作物生产

各类人群有与自己购买能力相适应的住宅并享受环境宜人，设施充足，社交丰富的幸福生活。

居 —— "居者有其室"

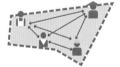

目标：促进各类人群交流，构建和睦社区

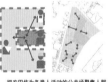

把农田作为各类人群活动的公共场聚集人群

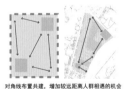

对角线布置共建，增加较远距离人群相遇的机会

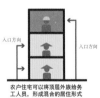

入口方向　入口方向

农户住宅可以将顶层外租给务工人员，形成混合的居住形式

规划目标

园：满足居民对公共空间的需要，使居民能够有足够的绿地、广场进行休憩、交流、锻炼等活动。

田：满足居民对基本工作的需要，在劳动实现自己的价值的同时有足够的消费能力以满足基本的物质文化需要。

居：满足居民对居住的需要，有与自己购买能力相适应的住宅，在能满足居民居住的同时也提供足够的公共服务设施，提高居民生活质量。

和：最终创造一个幸福美满和谐的社区。

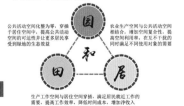

园　和　田　居

公共活动空间化整为零，穿插于居住空间中，提高公共活动空间的可达性并让更多居民享受到绿地的生态效益

农业生产空间与公共活动空间相结合，增加空间复合性，提高空间利用率，在互不干扰的同时满足不同使用对象的需要

生产工作空间与居住空间穿插，满足居民就近工作的需要，提高工作效率，降低时间成本，增加净收入

方案生成

城 ⇄ 乡

将城乡两者的特点结合，用城市空间的高密度和基础设施完备的优点弥补乡村缺乏人气、基础设施缺乏的问题，用乡村生态环境好和活动空间充足的优点弥补城市生态环境差、活动空间缺乏的问题。

城乡两种空间在组团上相对独立，以保证各自系统不受破坏，组团间穿插渗透，构成有机整体。各组团并不是封闭的个体，而是相互开放，城市空间为乡村空间提供完善的基础设施，乡村空间为城市空间提供丰富的活动场地。

规整的农田与居住功能 → 化整为零相互穿插

沿街部分城市化 内部仍是乡舍农田

沿街部分城市化 内部半城半乡结合

湖南省安化县仙溪镇村庄规划

沿街商业与少量轻工业 大量居住与农田 功能单调

沿街商业与少量轻工业 活动场地以及休闲娱乐 功能多样化

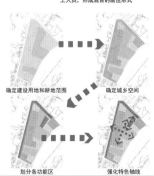

确定建设用地和耕地范围

确定城乡空间

划分各功能区

强化特色轴线

仙溪镇
园田居

园田居

规划结构

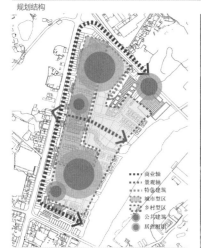

商业轴
景观轴
特色建筑
城市型区
乡村型区
公共建筑
居住组团

用地分类

V31 村庄商业服务设施用地
V11 住宅用地
V21 村庄公共服务设施用地
V22 村庄公共用地
V42 村庄交通设施用地
V32 村庄生产仓储用地
E23 其他农林用地

总平面图

北

小学

活动中心

幼儿园

技术经济指标:
规划用地面积: 16.8 ha
建筑面积: 149924 m²
容积率: 0.89
建筑密度: 21%
平均层数: 4.1
商住混合建筑面积: 69785 m²
居住建筑面积: 55550 m²
公共建筑面积: 24588 m²
绿地率: 32%
规划户数: 496
规划人口: 2000

0　25　50　100m

村庄规划用地汇总表

用地代码	用地名称		用地面积（ha）	
			现状	规划
V	村庄建设用地		6.32	13.76
	其中	村民住宅用地	2.99	5.80
		村庄公共服务用地	0	2.63
		村庄产业用地	1.68	2.86
		村庄基础设施用地	1.65	2.47
		村庄其他建设用地	0	0
N	非村庄建设用地		0	0
	其中	对外交通设施用地	0	0
		国有建设用地	0	0
E	非建设用地		10.55	3.11
	其中	水域	0.54	0.67
		农林用地	10.01	2.44
		其他非建设用地		

交通分析

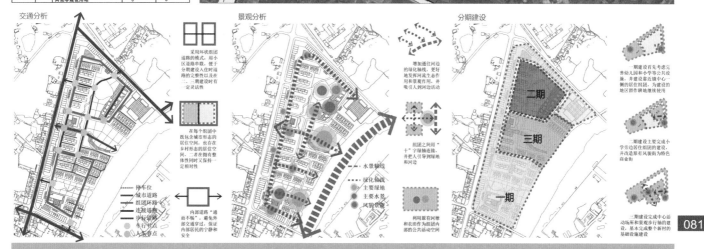

采用环状组团道路的模式，用小区道路使住组团联系，便于分期建设分入在时道路的完整性以及在二、三期建设时有一定灵活性。

在每个组团中西包含城市形态的居住空间，也存在乡村形态的居住空间，二者在拥有整体性同时又保持一定相对性。

停车位
城市道路
组团环路
连接道路
车行节点
人车节点

内部道路"通而不畅"，避免外部交通穿越生态，保证内部居民的宁静和安全

景观分析

增加通往河边的绿化轴线，更好地发挥河流生态作用和景观作用，并吸引人到河边活动

组团之间用"十"字绿轴连接，并把引导到绿地和河边

利用原有河塘和农田作为组团内部的公共活动空间

水景轴线
绿化轴线
主要绿地
主要水景
风貌景观

分期建设

一期建设首先考虑完秀幼儿园和小学等公共设施，并建设最近镇中心一侧的居住组团，为建设的地区管作铺地建继续使用

一期
二期
三期

二期建设主要完成小学周边居住组团的建设，并改造原有风貌街为特色商业街

三期建设完成中心活动场所和景观步行轴的建设，基本完成整个新村的基础设施建设

仙溪镇

081

全局鸟瞰

仙溪镇

户型A

适合从事农业生产的家庭居住的别墅式联排住宅。

排列方式灵活，可以有两户一组、三户一组、四户一组等多种组合方式。

南侧配有晒场，北侧有停车位和小菜园。有两层和三层两种，面积较宽裕，二层有小晒台，适合经济条件较宽裕的家庭。

户型A北面示意

户型A南面示意

户型A一层平面

户型B

适合从事农业生产的家庭居住的别墅式联排住宅。也将部分楼层出租给从事非务农职业的住户。

排列方式灵活，可以有两户一组、三户一组、四户一组等多种组合方式。

南侧配有晒场，北侧有较大的菜园。有三层和四层两种。第四层功能较完备，可以单独出租给务工人员等从事非农业生产的人居住。

户型B北面示意

户型B南面示意

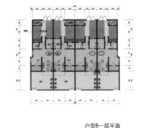

户型B一层平面

户型C

适合各种家庭或个人居住的多层联排住宅。分为三室两厅和两室两厅，多种面积大小，适合各种购买能力的人群。单身的外来务工者可以考虑合租。

一般为五层，一梯两户，一层以下有一层供堆放工具、停放自行车的空间，也可以改造或停车车库使用。

户型C北面示意

户型C南面示意

户型分布

户型A
户型B
户型C

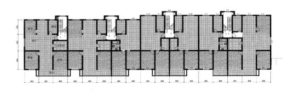

户型C标准层平面

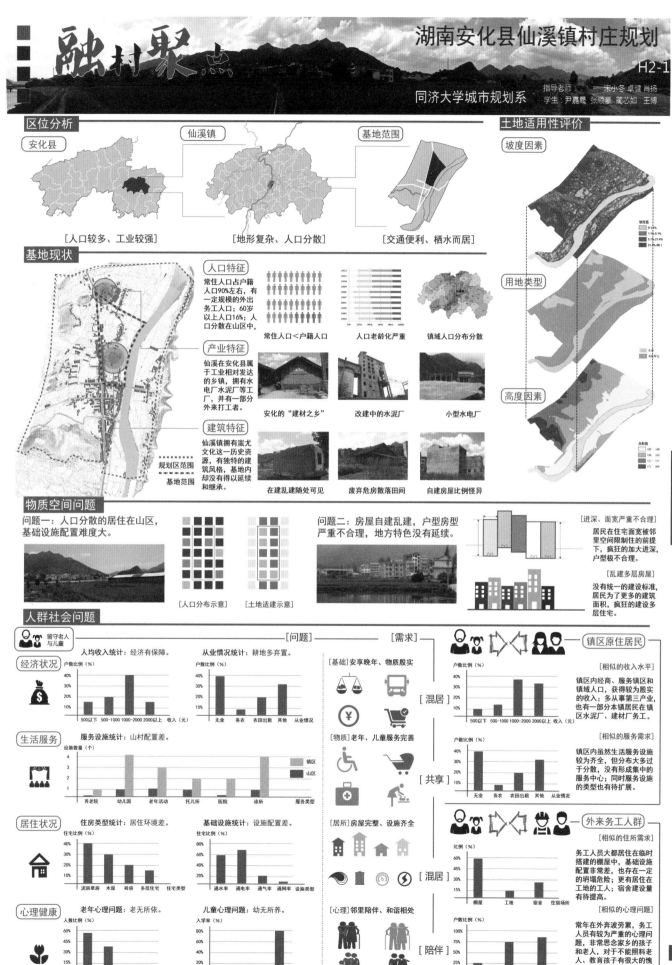

融村聚点

湖南安化县仙溪镇村庄规划

H2-1

同济大学城市规划系　指导老师：宋小冬 卓健 肖扬　学生：尹嘉晟 张顺豪 蔺芯如 王博

仙溪镇

区位分析

安化县　　仙溪镇　　基地范围

[人口较多、工业较强]　　[地形复杂、人口分散]　　[交通便利、栖水而居]

土地适用性评价

坡度因素

用地类型

高度因素

基地现状

规划区范围
基地范围

人口特征
常住人口占户籍人口90%左右，有一定规模的外出务工人口；60岁以上人口16%；人口分散在山区中。

常住人口<户籍人口　　人口老龄化严重　　镇域人口分布分散

产业特征
仙溪在安化县属于工业相对发达的乡镇，拥有水电厂水泥厂等工厂，并有一部分外来打工者。

安化的"建材之乡"　　改建中的水泥厂　　小型水电厂

建筑特征
仙溪镇拥有蚩尤文化这一历史资源，有独特的建筑风格，基地内却没有得以延续和继承。

在建乱建随处可见　　废弃危房散落田间　　自建房屋比例怪异

物质空间问题

问题一：人口分散的居住在山区，基础设施配置难度大。

[人口分布示意]　　[土地适建示意]

问题二：房屋自建乱建，户型房型严重不合理，地方特色没有延续。

[进深、面宽严重不合理]
居民在住宅面宽被邻里空间限制住的前提下，疯狂的加大进深，户型极不合理。

[乱建多层房屋]
没有统一的建设标准，居民为了更多的住宅面积，疯狂的建设多层住宅。

人群社会问题

留守老人与儿童

[问题]　　[需求]

经济状况
人均收入统计：经济有保障。
户数比例（%）
500以下　500-1000　1000-2000　2000以上　收入（元）

从业情况统计：耕地多弃置。
户数比例（%）
无业　务农　农田出租　其他　从业情况

生活服务
服务设施统计：山村配置差。
设施数量（个）
养老院　幼儿园　老年活动　托儿所　医院　诊所　服务类型
镇区 / 山区

居住状况
住房类型统计：居住环境差。
住宅比例（%）
泥房草房　木屋　砖房　多层住宅　住宅类型

基础设施统计：设施配置差。
住宅比例（%）
通水率　通电率　通气率　通网率　设施类型

心理健康
老年心理问题：老无所依。
人数比例（%）
夫妻照料　单身老人专人照料　社会福利　养老状况

儿童心理问题：幼无所养。
入学率（%）
托儿所　幼儿园　小学　入学阶段

[基础]安享晚年、物质殷实
[混居]
[物质]老年、儿童服务完善
[共享]
[居所]房屋完整、设施齐全
[混居]
[心理]邻里陪伴、和谐相处
[陪伴]

镇区原住居民
[相似的收入水平]
镇区内经商、服务镇区和镇域人口，获得较为殷实的收入；多从事第三产业，也有一部分本镇居民在镇区水泥厂、建材厂务工。
户数比例（%）
500以下　500-1000　1000-2000　2000以上　收入（元）

[相似的服务需求]
镇区内虽然生活服务设施较为齐全，但分布大多过于分散，没有形成集中的服务中心，同时服务设施的类型也有待扩展。
户数比例（%）
无业　务农　农田出租　其他　从业情况

外来务工人群
[相似的住所需求]
务工人员大都居住在临时搭建的棚屋中，基础设施配置非常差，也存在一定的坍塌危险；更有居住在工地的工人，宿舍建设量有待提高。
比例（%）
棚屋　工地　宿舍　住宿场所

[相似的心理问题]
常年在外奔波劳累，务工人员有较为严重的心理问题，非常思念家乡的孩子和老人，对于不能照料老人，教育孩子有很大的愧疚感。
户数比例（%）
单身　有子女　有父母　家庭情况

融村聚点

湖南安化县仙溪镇村庄规划

H2-2

同济大学城市规划系

指导老师：宋小冬 卓健 肖扬
学生：尹嘉晟 张顺豪 蔺芯如 王博

仙溪镇

规划理念·聚

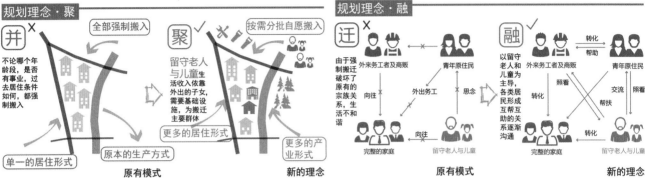

并 ✕
不论哪个年龄段，是否有事业，过去居住条件如何，都强制搬入

全部强制搬入

单一的居住形式

聚 ✓
留守老人与儿童生活收入依靠外出的子女，需要基础设施，为搬迁主要群体

按需分批自愿搬入

更多的居住形式

原本的生产方式

更多的产业形式

原有模式　　　新的理念

规划理念·融

迁 ✕
由于强制搬迁破坏了原有的宗族关系，生活不和谐

外来务工者及商贩　青年原住民
外出务工　思念
向往
完整的家庭　留守老人与儿童
向往

融 ✓
以留守老人和儿童为主导，各类居民形成互帮互助的关系逐渐沟通

外来务工者及商贩　转化 帮助　青年原住民
照看　转化　交流 帮扶　照看
完整的家庭　转化　留守老人与儿童

原有模式　　　新的理念

发展步骤

发展动因

 一期开发 **政府主导** 主要依靠政府建设基础设施和廉租房等福利设施

 二期开发 **产业主导** 公路建设后第一产业和第二产业的种类和数量逐渐丰富

 三期开发 **居民主导** 从村民的意愿出发对社区逐步发展社区，改善社区关系

留守老人与儿童
大量迁入 生活改善 ⇨ 持续迁入 逐渐适应 ⇨ 安居乐业 自我实现

因为不需劳作所以愿意搬迁到基础设施集中的地方，有相类似的人群，因此有共同语言

外来务工者及商贩
部分迁入 ⇨ 少量迁入 ⇨ 本土化

在寻找就业机会的同时逐步得到当地居民的认可

青年原住居民
仍在外迁 ⇨ 逐步回迁 ⇨ 大量回迁

随着产业的提升青年人可以不需要背景离乡

人群发展及关系

模式一： 外出务工年轻人在家乡找到工作，解决留守老人儿童的问题

留守老人与儿童 ＋ 青年原住居民 ⇨ 完整的三代之家

模式二： 到镇上务工的外地人逐渐稳定并接来自己的亲人

就业与保障 ⇨ 留守老人与儿童
外来务工者及商贩 ⇨ 新青年原住居民 ⇨ 完整的三代之家

模式三： 留守老人与儿童大量集中，他们就寻找到了属于自己的群体，找到归属感

留守老人与儿童 ⇨ 相互熟识老人群体 ＋ 一起玩耍儿童集体

活动策划

春：休闲农田 老年人花卉种植竞赛
社区活动中心 儿童绘画大赛
夏：老年服务中心 老年合唱团演出
中心广场 露天电影放映
秋：中心小学 青少年足球比赛
中心广场 艺术下乡慰问演出
冬：幼儿园活动室 儿童电脑软件培训
社区活动中心 农业科技快讯播报

规划预期

融有所为
改造原有沿街建筑，将空置的房间租售给外来做生意的外来人员唤醒老建筑商业活力，给老人儿童提供生活服务

聚有所养
利润返还
提供原料
手工作坊　休闲田园　林业用地
亦工亦农　耕作结合 林地养殖

将林业、农业、工业结合发展，农民也可充当工人，林业农业互补，老人可以当护林员，儿童可以在田间玩耍

融有所乐
独在异乡缺乏关怀　外来务工者及商贩
外来务工者及商贩
✻
留守老人与儿童
留在家乡思念亲人　留守老人与儿童

居住在三四层
家庭氛围　部分收入
廉价住宿
归属感
居住在一二层

聚有所益
生活费用　居住费用　交通费用
镇区国道

部分打工者留在村中的小作坊，所得收入花在了生活、居住、交通上，实际收入较低

聚有所学
仙溪镇属于典型的贫困山区城市，有很多分散的小教学点，集中后可显著提升儿童教育质量

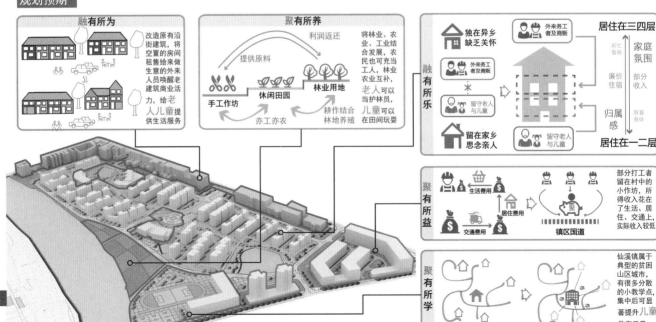

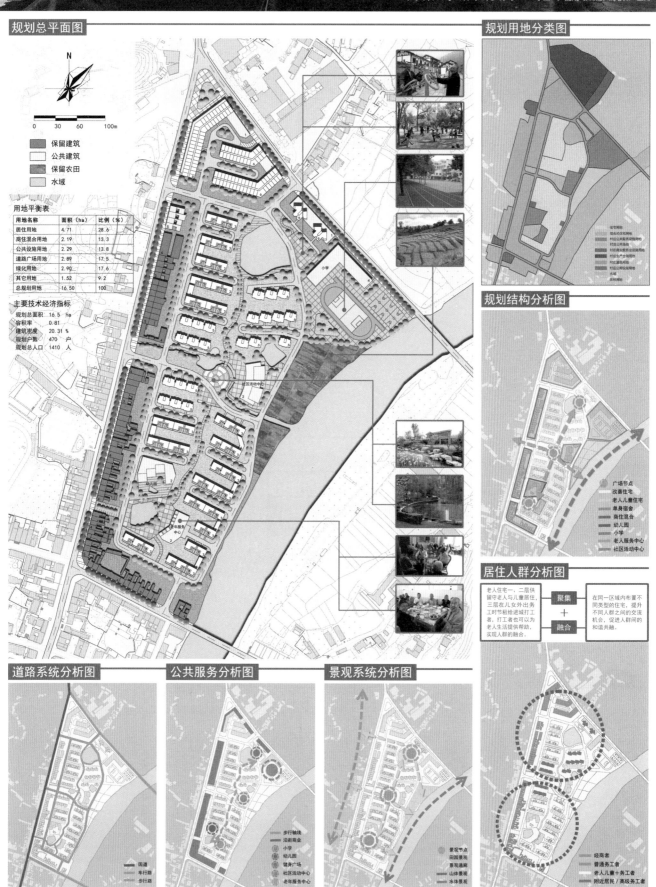

规划总平面图

N

0　30　60　100m

- 保留建筑
- 公共建筑
- 保留农田
- 水域

用地平衡表

用地名称	面积（ha）	比例（%）
居住用地	4.71	28.6
商住混合用地	2.19	13.3
公共设施用地	2.29	13.8
道路广场用地	2.89	17.5
绿化用地	2.90	17.6
其它用地	1.52	9.2
总规划用地	16.50	100

主要技术经济指标

规划总面积　16.5 ha
容积率　　　0.81
建筑密度　　20.31 %
规划户数　　470 户
规划总人口　1410 人

小学

社区活动中心

老年服务中心

规划用地分类图

规划结构分析图

- 广场节点
- 改善住宅
- 老人儿童住宅
- 单身宿舍
- 商住混合
- 幼儿园
- 小学
- 老人服务中心
- 社区活动中心

居住人群分析图

老人住宅一、二层供留守老人与儿童居住，三层在儿女外出务工时节租给进城打工者，打工者也可以为老人生活提供帮助，实现人群的融合。

聚集
+
融合

在同一区域内布置不同类型的住宅，提升不同人群之间的交流机会，促进人群间的和谐共融。

- 经商者
- 普通务工者
- 老人儿童务工者
- 附近居民 / 高级务工者

道路系统分析图

- 国道
- 车行路
- 步行路

公共服务分析图

- 步行轴线
- 沿街商业
- 小学
- 幼儿园
- 健身广场
- 社区活动中心
- 老年服务中心

景观系统分析图

- 景观节点
- 田园景观
- 景观通廊
- 山体景观
- 水体景观

仙溪镇

融村聚

湖南安化县仙溪镇村庄规划

H2-4

同济大学城市规划系

指导老师：宋小冬 卓健 肖扬
学生：尹嘉晟 张顺豪 蔺芯如 王博

仙溪镇

鸟瞰图

1：老年活动中心
　老年食堂
2：幼儿园
3：社区中心
4：小学
5：健身广场

户型设计

不同人群　多种户型

留守老人　　亲密型院落住宅
留守儿童　　礼貌型院落住宅
外出务工者　小户型改善住宅
外来务工家庭　大户型精品住宅
本地居民　　出租公寓

外来务工人员
留守老人与儿童

多种针对性户型选择

居住空间内混合　＋　区域内混合

保留民居户型

一层沿街面为商业空间，后侧为生活空间。

一层平面　1:300　　二层平面　1:300

三层平面　1:300

亲密型院落住宅

采用院落形式。一、二层提供给老人与儿童居住。三层根据时间的不同而转换居住人群：返乡时节，供给外出务工的家人居住；外出务工时，租给前来打工的务工者居住，充分利用居住空间的同时也促进不同人群的融合。

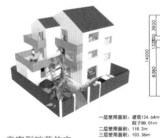

一层使用面积：建筑124.64㎡
　　　　　　　院子88.01㎡
二层使用面积：118.2㎡
三层使用面积：103.36㎡

唯一入口

一层平面　1:200

二层平面　1:200

三层平面　1:200

后期功能调整　外出打工者回到家后，停止出租，最终形成三代同堂的完整家庭居住模式。

礼貌型院落住宅

与亲密型的人群组合类型相同，区别在于有前后两个入口，以及独立的楼梯设置，每层的功能设置齐全，居住面积更大，因此二层和三层可以分别出租给不同的打工者家庭，房屋主人和租户都可以拥有较为完整的生活空间。此外，共享一个庭院，促进其交流融合。

一层使用面积：建筑123.41㎡
　　　　　　　院子68.68㎡
二层使用面积：122.27㎡
三层使用面积：111.98㎡
（均未包括楼梯间面积）

入口2

一层平面　1:200　　入口1

二层平面　1:200

三层平面　1:200

后期功能调整　外出打工者回到家庭后可将二层收回停止出租，三层仍可继续出租。最终可以形成完整家庭或几户家庭共享一个庭院的居住模式。

小户型改善住宅

采用两室一厅的布局，供给前来务工的小家庭与本地三口之家的两代家庭居住。

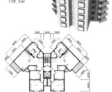

每户使用面积：
82.14㎡

标准层平面　1:400

大户型精品住宅

采用三室两厅的布局，具有较好的品质与景观，供给本地三代大家庭居住。

每户使用面积：
119.1㎡

标准层平面　1:400

宿舍式出租公寓

提供给只身来务工的青年劳动者。

每户使用面积：
40㎡

标准单元平面　1:400

URBAN-RURAL INTERGRATION EXPERIMENTAL PROJECT PLANNING DESIGN 湖南安化仙溪镇 **村庄规划**

指导老师：沐小冬 卓健 冯语 学生：马一和 焦杰颖 董舒

区位分析
LOCATION ANALYSIS

目前，仙溪镇正举全镇之力打造"安化海螺"，奋型干法水泥项目的顺应落后的三年，于2008年6月18日，在"沪皖合"上与安徽海螺集团签定了正式协议。2条日产4500吨的新型干法水泥生产线项目也随即建设为有望重点工程项目。境内的能源资源汇十分丰富。屋建是梅山隆隆山口管委的梅山文化生态区，由湖南大学建筑学院副院长、未来教授陈飞虎挂任该项目的总策划和总统计。该项于2008年陆重开园，是一个集生态景观、休闲度假、影视和猎基地、梅山文化研究基地于一体的梅海景区。"梅山十景"中的"天都暮云"、"皇壁锁玉"两景在仙溪，仙峰山内外续继建设中。关美山的绿色色品、宗教传统文化，旅游将有无穷的开发潜力。

村庄概况
仙溪镇历来是个小集镇，早在清朝时期（1644年至1912年）属安化县的代乡。原仙溪区15个乡并为九龙、仙溪、山口、杨柳四个乡。2008年村级行政区划调整后仙溪镇25个村

社会经济
该镇具有农产品、林木、水晶、石灰石有著大量藏资源。以本地冷宝窝娣食品盒厂生产的薯片、姜薯、葛粉丝、荷兰豆片等产品时，松、桂、竹、油茶、枇叶、药材等各类农产品，其中关薯茶厂白毫银1680余亩的关薯茶山。仙溪酱油远近闻名的关泔油，该镇具盖覆盖率以30万立方米，居至水覆盖率达30多，以"全国造林样板"著称。上世纪八十年代以来，依靠本地丰富的石灰石资源，又之一，上世纪八十年代以来泥厂，成为安化的"建材之乡"。

公共服务设施
镇区行政的公用地主要集中于中心区，主要为镇政府用地、派出所、国土所、财政所等，现状文化科技用地较为缺乏，内部设施也较为自由。现状主要集中于中心区。现状建筑商业金融用地基本以沿街的商业用地态形成，主要分布于临红迈商城，现状商业流通用地基泡改有商贸市场。

民居概况
仙溪镇居住建筑呈现多元系同化分布，有个人道路、有集体房道建筑、也有商品房。1、建筑密度过高，建筑的间已满足不了公共活动空间。2、公共活动空间的有，加之不少道路空间成为各种商业、手成品摊堆占场地，使得公共空间环境质量差。

绿地及工业
现状绿地以公园绿地和休憩乐用地为主、多为镇区周围的自然山体绿地。现状工业用地较为零散分布。主要工业以以区的仙峰水泥厂为主，东区的新牌半水业、国家木竹胶版厂等

STRENGTH 优势
1、交通便利
西邻国道并且正处于规划公路出口处，拥有卓越的地理交通优势
2、特色民居
村内的特色建筑风貌保存完整，有文化特色
3、资源丰富
东靠资水，水资源丰富，任存有农田以及丰富的林地资源

WEAKNESS 弱点
1、基础设施不足
满足基本生活需求的给排水、垃圾处理等设施不足
2、环境保护
对目前有的生态资源并没有建立保护措施
3、组团布置形式
基本自由布置，土地利用效率不高

OPPORTUNITY 机遇
1、经济产业
由海螺水泥厂的规划带来的经济效益，促进本地就业
2、对外交通
由规划的高速公路出口带来的对外交通联系

THREAT 挑战
1、资源利用
民俗文化资源、农业资源、水资源等等如果有效的集中体现
2、生态环境
在引导新农村的城镇化进程中降低对环境的影响

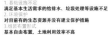

镇域——安化处于"一群""两轴""三带"空间格局中的资水沿线发展轴之上，逐步形成城镇相连。

县域——仙溪镇位居安化县东部的中心，东与大福镇毗邻，西与泗溪乡接壤，北与长塘镇交界，商与梅城相连。

镇域——规划区位于镇区中心偏北处，东靠资水、西邻国道，同时靠近二厂高速出口，交通便利。

村庄特点——由其地理位置（紧邻高速公路出口）带来的交通优势，靠近镇区中心带来的经济优势以及邻靠资水带来的资源优势。规划区范围内有大量的农田，以及沿街部分的商业。道路多为自然形成，内部交通难以控制，大多数无法通车。内部生活等用水赖资水以及盘停水脉，没有系统性的给排水设置。组团布置也同样是自然形成，较为分散。

现状分析
CURRENT ANALYSIS
现状用地分类图

现状排水排污图

现状电力通信图

现状道路交通图

现状建筑质量图

要素集合
FEATURE COLLECTIONS

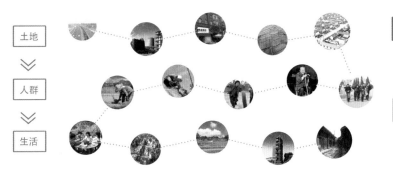

土地
⟱
人群
⟱
生活

村庄发展定位
DEVELOPING ORIENTATION

外部机遇

由对外交通的建设带来的区位上的优势，政府对镇内工业的扶持发展为仙溪镇带来了经济性的机遇，也为镇内居民带来了本地就业的机会。规划区迁村并点的实施将为规划区带来大量的外来人口，使得区内有足够的劳动力。

＋

内部需求

不同的人群在区内混居需要有足够的空间，同时也需要多样化的居住空间满足不同人的需求。城镇化以以工业化的发展会对生态环境造成一定的影响，在建设的同时则要注意环境的保护和基础设施的完善，建立绿色、生态的新农村。区内的农田需要人的耕作，城镇化的进程中需要保留居民农田耕作的生活与城市居住生活相协调。

＝

交通区位条件 ⟫ 产业发展 ⟫ 外来务工 ⟫ 人群混居 ⟫ 发展定位

交通条件带来的区位优势带动地块内产业经济的发展。工业包括茶产业、竹木、建材加工等产业。

由交通条件带动的产业发展对地块内社会经济的发展做出贡献，同时提供了就业机会。

由产业发展所提供的就业机会吸引了地块周边地区的劳动力，使得外来务工人数的增加。

由外来务工人数的增加，地块内人群的混合；本地、外地；各行业、各年龄阶段均投入混展。

建立起一个环境友好，减少污染、绿色**生 态**；适宜务工、务农、经商等各色人群**混 居**的处于城镇化**发 展**进程中的新型农村

仙溪镇

仙溪镇

村域规划
VILLAGE PLANNING

用地适宜性评价

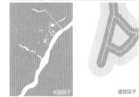

用地适宜性评价选取了五个指标：地形高度、地形坡度、到水面距离、到公路距离、到高速公路互通口距离。
地形高度评分：0(>165m),1(<165m)　地形坡度评分：0(>10degree),1(<10degree)
水面距离评分：0(<3m),1(>3m)　道路中心线距离评分：0(<8m),3(8-100m),2(100-300m),1(>300m)
高速公路互通口评分：3(<100m),2(100-300m),1(>300m)

规划区范围

规划区范围的划定，一方面基于当地政府委托的地块范围，另一方面则兼顾周边重要设施对地块的影响，因此应当在受委托地块的基础上适当扩大规划区。

规划结构图

区内主要以居住组团为主，沿街设置混合型住宅以提高街道的沿街使用效率。围绕居民风貌区保留农田并建设滨河景观带，以此作为发展农家乐的吸引点。
组团内部设置内向的绿化带与水系沟渠结合，连通各个居民组团。

规划村庄建设用地分类图

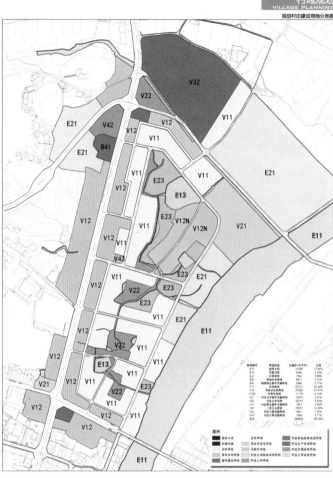

特色保护
FEATURES PROTECTION

水系保护规划图

村落保护规划图

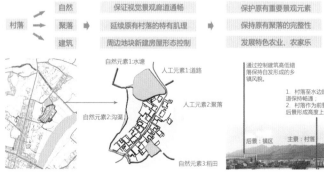

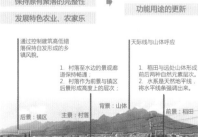

URBAN-RURAL INTERGRATION EXPERIMENTAL PROJECT PLANNING DESIGN 湖南安化仙溪镇 **村庄规划**

组团分裂
DIVISION OF CLUSTER

近期组团建设平面图

中期组团建设平面图

远期组团建设平面图

"细胞分裂"发展变化示意图

建设用地发展变化图

总平面图
GENERAL LAYOUT

0 10 25 50 100

北

仙溪镇

分项系统
MUNICIPAL PLANNING

规划道路交通图

规划电力通信管线图

规划给排水沼气设施布设图

规划公共服务设施分布图

规划区内交通干线变化较大，新增二广高速互通口及仙沩公路。因此新增机动车道，停车场及部分路段交通优化的措施。地块内部的村镇街道选线以保持原有机理形态为依据，减少现存建筑的拆迁量，同时拓宽部分道路，满足将来机动车增长的需求。

完善基地电力及通信线路的架设。将原来专用于北侧水泥厂电力供应的线路进行改造。出于镇区街道客貌及地方实际经济状况两方面考虑，将电力及通信规划为部分埋设于G207及新修街道下侧，其他地块仍保持空中架设。

为了保护区内生态环境，需要加强排水，排污的建设。因此区内规划了给排水管道。其中将给水管道与污水管道分开铺设，同时在组团内设置沼气池并配置沼气供气管道。

规划区内部留出建设新小学用地；原基地西侧的仙溪完小迁至该地。新建南侧居民文化中心一处，满足部分不再务农居民的业余文化需求。原有的镇级部分公共服务设施继续发挥其作用。需要在更高一层级的规划中对新增的公共服务设施需求予以考虑。

089

混合组团

H3-4
RURAL PLANNING
URBAN-RURAL INTERGRATION EXPERIMENTAL PROJECT PLANNING DESIGN
湖南安化仙溪镇 村庄规划
指导老师 宋小冬 卓健 肖扬 学生 马一旖 曲卫超 崔旭

鸟瞰图
AERIAL VIEW

仙
溪
镇

村落形态
SETTLEMENT FORM

第一类：传统自由聚落

位于地块内部，布局松散
历史斑驳悠久，保留元素多

第二类：新建沿街商住

位于街道两侧，布局紧凑
大进深，窄面宽，方便经营

第三类：新建多层住宅

位于镇区中心，体量较大
属于较典型的城镇景观

组团分析
CLUSTER ANALYSIS

组团混合一：居民类型混合
居民主要分为三类，本地居民、外来务工人员、城镇化迁往人口。针对这三类人群及其从事的生产活动提供三种主要住宅类型。

组团混合二：户外活动类型混合
不同居民对公共空间使用需求不同。因此保留了特色农田以满足部分居民的种植习惯；同时新建公用绿地方便居民休憩。

组团混合三：交往类型混合
相同类型人群容易聚集，而不同人群之间容易形成隔阂。需要通过在必要的"节点"处设置吸引所有人群的公共空间，满足不同人群间的交往需求。

组团混合四：出行线路交叉
不同出行对应不同交通需求，尽量降低游憩线路与通勤线路互相干扰。

单体户型
APARTMENT DESIGN

类型一：商住混合住宅
特点：小面宽，大进深
传承原有沿街商住混合住宅
底层商铺，2-4层居住
一个单元可满足4-6户居民
住户：从事商业活动的本地居民和外来居民

类型二：农家乐户型
特点：大面宽，注重朝向
传承原有梅山民居特色，底层设置院落
一个单元可满足3户居民
住户：从事特色农业（农家乐）的本地居民、游客

类型三：大面宽户型
特点：大面宽，注重朝向
改良传统梅山民居形式，合理功能布局
添加车库，满足停车需求
楼上可部分出租满足外来居民
住户：本地居民、外来务工人员

迁居·乐业·安家 湖南安化县仙溪镇城乡统筹实验项目规划

小组成员：薛皓颖 张梦怡 王越　　指导教师：宋小冬 卓健 肖扬

基本情况介绍

区位条件

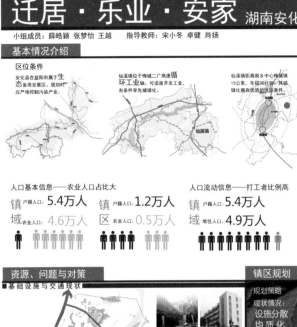

安化县在益阳市属于生态备用发展区，规划时应严格控制污染产业。

仙溪镇位于梅城二广高速循环工业轴，可适度开发工业，有条件率先城镇化。

仙溪镇距离前乡中心城镇15公里，车程30分钟，其城镇化拥有优越的区位条件。

经济情况——经济发展刚起步

2013年生产总值 **1.54亿**

23个乡镇中排位 **18位**

人口基本信息——农业人口占比大

镇 户籍人口 **5.4万人**　　镇 户籍人口 **1.2万人**

域 农业人口 4.6万人　　区 农业人口 0.5万人

人口流动信息——打工者比例高

镇 户籍人口 **5.4万人**

域 常住人口 **4.9万人**

从业人员情况——就业拉动力不足

第一产业从业人员 **1.5万**

第一产业从业占比 **73%**

镇区现状

基本信息介绍：

占地：**230公顷**

气候：亚热带季风性湿润气候

语言：普通话、湖南话

民族：汉族

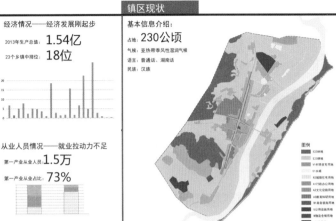

图例
- E23林地
- E23耕地
- V1村民住宅用地
- E1水域
- R2镇级住宅用地
- A1行政办公用地
- A2文化设施用地
- A3教育科研用地
- B1商业设施用地
- U公用设施用地
- W物流仓储用地
- M工业用地

资源、问题与对策

■基础设施与交通现状

幼儿园
小学
中学
邮局
医院
市场
周边居住范围

·交通优势：
镇区西侧在建南北向二广高速，出口与穿过县的东西向道路相连，并且向东连往仙沩公路。

·公共服务设施不足：
公共服务设施主要集中在镇中心，而农村居民分散，因此难以全面服务。且配置数量不足，尤其是养老设施和基础教育设施不足。

·基础设施配置薄弱：
周边村庄仍属传统村落，农村居民的基础设施配置较为落后。由于在于农村居民点分散，政府难以负担统一配置的费用。

·对策：
充分依托交通优势，带动产业发展，提供就业。集中部分农村居民，鼓励城镇地就业。

■农业养殖

养猪场
主要农田

·资源：
现状镇区周围有农户，镇区南侧仙山村有多户养殖，经济效益好。

·问题：
养殖产业分散难以管理，随意排放废弃，对附近水体环境污染大。

·对策：
未来在保留的农业中依然可以发展养殖业，可通过统一化规模化集中一管理，建设沼气池等生态处理设施。

■建材产业

建材加工厂
建材销售

·资源：
镇区内有较多经营建材销售，多以家庭经营。另有几处小型建材加工厂。

·问题：
产业规模较小且分散，仍无法形成足够的产业链。

·对策：
依托良好的交通条件与产业基础，进一步扩大建材产业的发展，提供更多就业，带动城镇经济发展。

■旅游产业

中国梅山文化园
G207国道
仙溪镇区

·资源：
中国梅山文化园位于仙溪镇章溪村，拥有丰富的旅游资源。与镇区可以通过国道联系，车程30分钟即可达。

·问题：
镇区虽然未能有充足的旅游资源，但也未能和全域旅游结合考虑互相利用资源。应当充分发挥镇区的服务功能。

·对策：
镇区可配置一定高等级设施，联系旅游景点，可作为旅游路线中转站，充分带动全域的资源整合。

镇区规划

规划策略

现状情况：
设施分散
均质化
小农小田

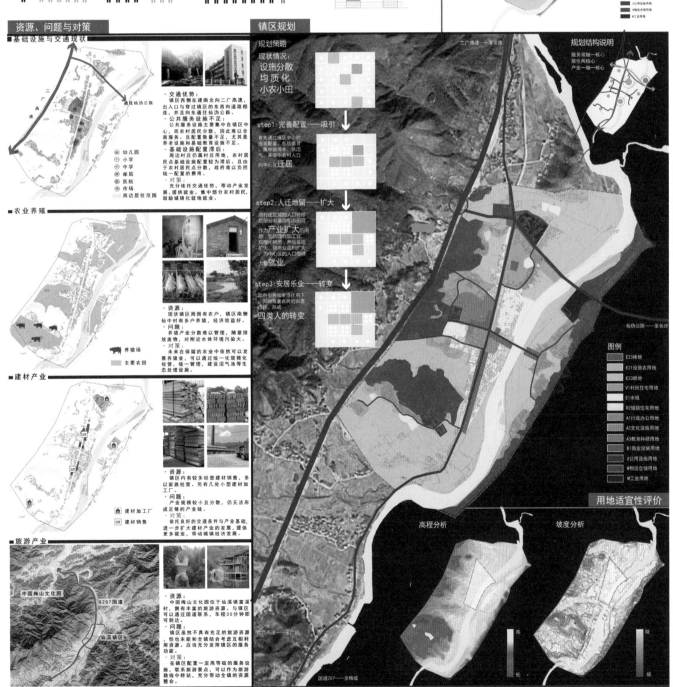

step1:完善配置——吸引
首先完善镇中心的完善配套，集中排水、供沼气、集中教育等。以吸引农村人口向中心区**迁居**。

step2:人迁地留——扩大
原村庄区域的人口转移后部分保留耕地和农田可作为**产业扩大**的用地，包括建构工业，规模化耕地，养殖基地扩大，服务业面积扩大，为中心区的人口提供**大量就业**。

step3:安居乐业——转变
政府引导和市场作用并下，同时尊重农民的自愿，完成**四类人的转变**。

规划结构说明

服务双轴一核心
居住两核心
产业一轴一核心

二广高速——至常德
仙沩公路——至长沙
二广高速——至广州
国道207——至梅城

图例
- E23林地
- E21设施农用地
- E23耕地
- V1村民住宅用地
- E1水域
- R2镇级住宅用地
- A1行政办公用地
- A2文化设施用地
- A3教育科研用地
- B1商业设施用地
- U公用设施用地
- W物流仓储用地
- M工业用地

用地适宜性评价

高程分析　　坡度分析

高　低　　高　低

仙溪镇

迁居·乐业·安家
湖南安化县仙溪镇城乡统筹实验项目规划

小组成员：薛皓颖 张梦怡 王越　指导教师：宋小冬 卓健 肖扬

仙溪镇

农民们说：

我只会种地，也不回到别的干什么。种地种不来钱，家里打工东西，孩子上学，总要去镇上的，村里人越来越少，也没办法。

我家的地已经租给别人种了，我自己去工厂打工。种地实在太少收入了，打工总归好过了，打工收入更稳定一点。

除了我自己的地，别人的地我也租下来一起种。种地收入虽然很少，可一堂总是得回这么多，家里总有稳定的事。家里的房子啊，前几年才翻修过的。

种地的收入不够，空闲时间我去打工。我没什么技能相当于去做零工，一堂总得回这么多。孩子在外打工比较赚钱，几年才翻修的房子。

迁居与就业方案

60户 全部搬迁
50户 原地安置
25户 原地保留
42户 搬迁
54户 保留60%
80户 保留80%
16户 搬迁

现状人群	从事农业	从事非农产业
基地外人口	仍然以务农为主	倾向于外出打工，不愿继续务农
非农人口	居住在农村，但在镇区工作	
农村人口	仍然以务农为主	倾向于外出打工，不愿继续务农
基地内 非农人口	—	住房位于沿街，商住混合经营生意

规划未来从业去向	从事农业	从事非农产业
基地外 农村人口	迁入农民新村 保留原有农田	迁入住宅小区 就近从事服务业、建材加工
	不搬迁 保留原有农田与宅基地	
非农人口	—	迁入住宅小区 继续从事原有工作
基地内 农村人口	迁入农民新村 置换基地外农田	不搬迁 原有住宅转为特色民宿、饭店
		迁入住宅小区 就近从事服务业、建材加工
非农人口	—	不搬迁 保有原沿街店铺
		迁入住宅小区 继续从事原有工作

宅基地怎么办？

宅基地 → 新宅基地
原有宅基地置换为农民新村内的农民住宅，可以自主选择是否有保留宅基地所有权，基地面积差值按照原价格补偿。

宅基地 → 公寓
放弃原有宅基地，选择置换为农民新村内的公寓价值给予补贴，以后转业迁入不再为农民，成为城镇人口。

宅基地 → 扩大宅基地
坚持保有原有宅基地，可以选择就近迁走，而当周边农民迁走后，可以选择购入并置周围宅基地。

宅基地 → 转业功能
仍保有原宅基地，在转业后可选择原本部分经营性农业转为从事服务产业。

选择想要的生活！

搬迁务农
务农意愿 ★★★★☆
转业意愿 ★☆☆☆☆
搬迁意愿 ★★★★★

原本居住在周边村庄，从事农业劳动，村庄内基础设施配置落后后，农业生产经济效益有限。

通过搬迁入农民新村，获得更好的基础设施与公共服务设施条件。

随着一部分农民转业，还可以选择扩大自己农田范围，规模化经营。

搬迁转业
务农意愿 ☆☆☆☆☆
转业意愿 ★★★★★
搬迁意愿 ★★★★☆

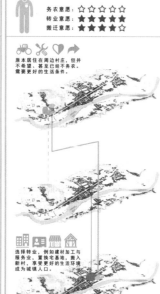

原本居住在周边村庄，但并不希望，甚至已经不务农，希望更好的生活条件。

选择转业，例如建材加工与服务业，置换基地，搬入新村，享受更好的生活环境成为城镇人口。

继续务农
务农意愿 ★★★★☆
转业意愿 ★☆☆☆☆
搬迁意愿 ★☆☆☆☆

经济条件较好的农民，有能力改善自己的居住条件，可选择不搬迁，并可以并下周边迁走的农田，扩大自己的生产。

旅游服务
务农意愿 ★★☆☆☆
转业意愿 ★★★★☆
搬迁意愿 ★☆☆☆☆

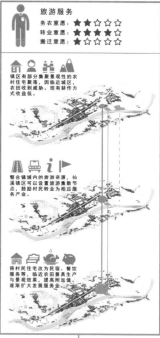

镇区有部分集聚景观性的农村住宅聚落，因临近城区农田收到影响，现有耕作方式收益低。

整合镇域内的旅游资源，仙溪镇区可以设置旅游集散节点，鼓励村民转业为相应服务产业。

将村民住宅改为民宿、餐饮服务等，临近农田兼具生产与景观效果，提高附加值，逐渐扩大发展服务业。

田园风貌区
一部分农民迁出后空出宅地，留下的土地可以获得权属可进行梳理，规模化发展农业。

农民新村公寓
农民新村的居住条件，享有村民与公共的便利条件。

农民新村农舍
保有原有务农的生活习惯，但住在集中建设的基础设施完备的农民新村并且享受临近的公共服务。

建材销售现有厂家中完整中商建混形式，继续发展，扩大业商坊式。

镇区继续发展公共服务及模售的作。

借助交通区位优势，特色村庄发展为镇内的旅游景点、服务、接待等服务功能。

建材加工产业
原有建材加工产业进行发展，规模化、集中化，提供更多就业岗位，与镇区建材销售，形成产业链。

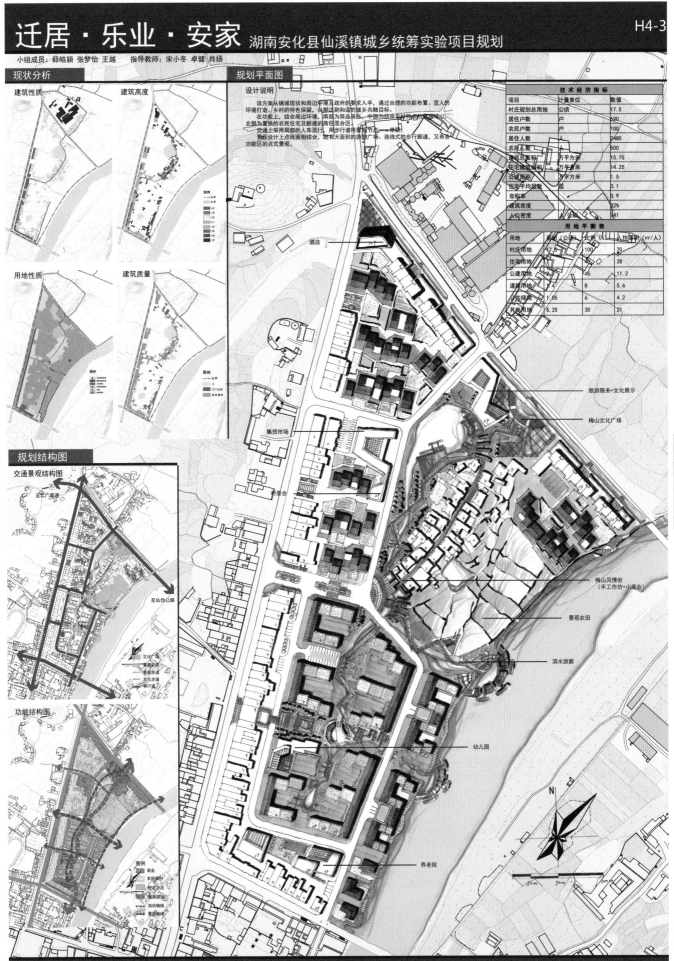

迁居·乐业·安家 湖南安化县仙溪镇城乡统筹实验项目规划

小组成员：薛皓颖 张梦怡 王越　　指导教师：宋小冬 卓健 肖扬

现状分析

建筑性质　　建筑高度

用地性质　　建筑质量

图例

规划结构图

交通景观结构图

至空广高速
至仙协公路

文化广场
聚落农田
景观步道
文化步道
车行道

功能结构图

图例
商业
农民新村
住宅小区
公共绿地
服务设施
活动轴线

规划平面图

设计说明

该方案从镇域现状和周边环境及政府的要求入手，通过合理的功能布置、宜人的环境打造、乡村的特色保留，以期达到和谐的城乡共融目标。

在功能上，结合周边环境，南部为商品房区、中部为结合农村风貌的民居过渡区、北部为置换的农民住宅及新建的商住混合区。

交通上采用局部的人车混行，用步行道将景观节点——串联。

景观设计上点线面相结合，既有大面积的游憩广场、连线式的步行廊道，又有各功能区的点式景观。

酒店
集贸市场
旅游服务+文化展示
梅山文化广场
梅山风情街（手工作坊+小商业）
景观农田
滨水游廊
幼儿园
养老院

技术经济指标

项目	计量单位	数值
村庄规划总用地	公顷	17.5
居住户数	户	620
农民户数	户	100
居住人数	人	2480
农民人数	人	500
建筑总面积	万平方米	15.75
住宅建筑面积	万平方米	14.25
公建面积	万平方米	1.5
住宅平均层数	层	3.1
容积率		0.9
建筑密度		32%
人口密度	人/公顷	141

用地平衡表

用地	面积（公顷）	比例（%）	人均面积（m²/人）
村庄用地	17.5	100	70
住宅用地			28
公建用地	3.6		11.2
道路用地	1.4	8	5.6
绿地	1.05	6	4.2
其他用地	5.25	30	21

N

迁居·乐业·安家 湖南安化县仙溪镇城乡统筹实验项目规划

小组成员：薛皓颖 张梦怡 王越　　指导教师：宋小冬 卓健 肖扬

仙溪镇

规划区范围及风貌控制区

规划划定依据：
1、行政边界，在原镇区范围基础上，依据远期城镇建设需求扩大两个村庄。
2、道路交通，因二广高速的建设图此不跨高速发展，规划区在高速东侧。

田园风貌区
对规划区内比较完整的村庄及农田进行保留，部分居民搬迁后农田面积扩大，保证了建设后基本农田面积不变。农田和村庄也是城镇生态景观的重要组成。

自然景观风貌区
规划区内有一条洢水河，两座景观较好的山体，作为仙溪镇的主要山水景观需要重点保护，限制建设。

产业风貌区
依托二广高速及仙伪公路两条交通要道，建设建材加工工业园及物流中心。该地产业园需尤为注意与自然景观的统一与和谐。

城镇风貌区
仙溪镇的镇中心在国道两侧展开，在镇区原有建筑基础上改造和建设，展现现代小城镇的风貌。

图例
规划区范围
田园风貌区
城镇风貌区
产业风貌区
自然景观风貌区（含建区）

典型住宅与院落

当地民居风貌总结
新式农民自宅（三层或以上）前院后屋＋一堂间一餐四卧
普通农民自宅（两层）前屋后院＋一堂间一餐三卧
传统农民自宅（一层）前院后院＋一堂间一餐两卧

保留住宅要素
1. 院落
农具堆放
自留地
大型喜丧
2. 堂间
室内布置
招待亲友
家庭聚餐
祈福聚餐

组团及住宅设计

农民新村肌理：
农民新村位于规划区内的城镇风貌区，以及田园风貌区。因此在建筑组织形式上也有所不同。田园风貌区对应新建农民住宅以及改造农民住宅，城镇风貌区对应城镇化住宅公共建筑。

图例
田园风貌区
城镇风貌区

四类空间组合形式
一、农民住宅组团（新建）
自留田　宅基地　车道　宅基地　自留田
二、农民住宅组团（改造）
车道　宅基地＋手工作坊＋商业街　景观农田
三、城镇化住宅组团
公寓式住宅　屋顶自留田　车道
四、公共建筑
服务设施（幼儿园、图书馆等）　广场及绿地

农民住宅形式
尊重农民对于庭院和自留地的需求，给予农民足够空间的宅基地。构建三级空间形式：私密空间、院落空间、自留地
院子　自留地

8
厨　餐厅　卧　卧　卧　堂间（一楼平面）
卧　储（三楼为晒台）　卧　卧（二楼平面）

城镇化住宅形式
城镇化的居民虽然不务农，但有经济条件的依然可以购置拥有屋顶菜园的住宅。户型上也同样尊重传统习俗。
公共庭院

11.5
卧　餐厅　厨　厨　餐厅　卫　堂间　堂间　卫　厨（标准层平面）
12

整体鸟瞰图

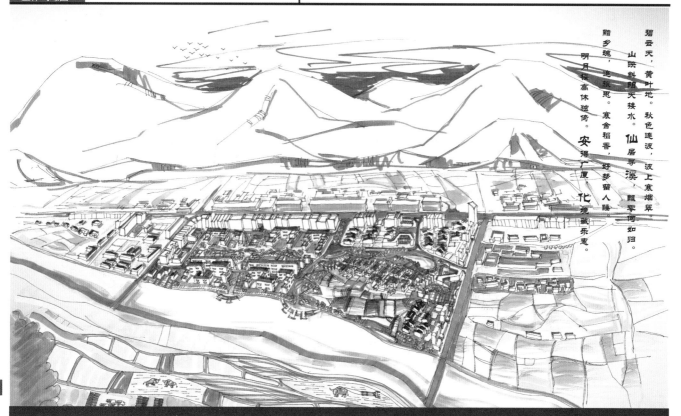

碧云天，黄叶地。秋色连波，波上寒烟翠。山映斜阳天接水。仙居寻溪，飘零何如归。
黯乡魂，追旅思。寒舍稻香，好梦留人睡。明月我高休波倚。安得广厦，化境藏东惠。

区位分析

上海市作为长三角的核心城市，对区域的联动发展有重要作用，增强上海的竞争力、带动力和辐射力，更好地服务长三角、以至全国。

崇明岛是中国第三大岛，位于上海市东北部，地处黄浦江下游，长江入海口，南北分别与上海、江苏隔江相望，四面环水，地理位置得天独厚。

绿华镇绿港村位于崇明分区西南角，崇明水系最上游；南邻西沙湿地，西临长江水，东有明珠湖，北与绿华镇镇区相接，北侧有三华公路相切而过。

基地现状

1水秀坊　2蟹庄　3桃源水乡　4西沙明邸　5西来农庄　6橘香园　7明珠湖　8西沙湿地

【村庄简介】

绿华镇具有良好的生态自然资源优势、长江滩涂岸线优势、乡土特产资源优势和水陆交通港口优势。从二十世纪九十年代起，绿华镇在全县率先进行了生态建设，并致力于发展生态旅游产业。2001年被县政府确定为"崇明县生态示范镇创建试点单位"。2002年7月，《崇明绿华阳光生态示范园区建设规划》正式完成编制。绿华镇将依托上海市新农村建设试点镇和全国环境优美乡镇的创建，建设"生态休闲的大公园、优质品牌的大果园和和谐幸福的大家园"。

现状用地平衡表

土地适宜性评价

【高程因素】

【主要道路因素评分】

【自然河流因素评分】

【综合建设适宜性评分】

综合考虑道路、高程、河流的因素，对建设的适宜性进行评价，根据距离给出相应的评分，综合计算各项评分得到适宜建设区域评分。

由于高程分析得出村域内高差较小，在综合评分时暂不考虑。

结合现状可以看出，在评分较高的地方已有民居建设，后期建设主要选择评分较高的区域。

基地资源

"骑"【骑行路线】

绿港村现有初具规模的骑行路线，串接村内农家乐、酒店、以及村外主要景点，提供了丰富的活动内容。

【村庄肌理】

农村住宅、耕地、林地的有序布置，使得其大地肌理呈现一定的韵律感，在方便村民生产生活的同时创造了特色的肌理资源。

"绿"【产业资源】

林地、耕地、养殖业占在整个村域占了大部分面积，占全村经济总量的80%，且形成了丰富的大地景观。

"游"【活力点】

橘香园、桃源水乡、西沙明邸、西来农庄、蟹庄等现有资源点发展成熟；南边有废弃码头，可作为未来发展的潜在激活点。

【风貌资源】

传统民居风貌、耕地、林地景观风貌、特色建筑风貌、水域风貌等原生态景观反映了绿港村特色，是重要的风貌资源。

"港"【发达水系】

自然河道、坑塘沟渠、养殖水面在村域范围内占有一定的比例，周边有明珠湖、南横引河、长江水系等，水系资源十分发达。

现状问题

1. 村庄常住人口老龄化比例过高

2009-2013人口增长线

2009-2013人口增减线

根据崇明县2010年第六次全国人口普查数据绿港村60岁以上老年人口比例为30%，且村内减少人口逐年增加，增加人口却逐年减少。通过实地走访发现实际还在村里居住的从事农业劳动的人口，更多的为50岁以上的村民。

2. 交流互动空间未能按需配置

【既有公共活动空间缺乏同质化】

村里可供公共活动的空间有限，仅有两三处。但从访谈中可以发现，村民对这些公共空间的使用率并不高，村里的农业劳动对键身器材的存在必要提出了质疑。

【平日里村民之间的交流互动较少】

村民之间的交流互动很少，村里平日里显得较为冷清，与其他的交流场所主要为镇里的菜场，实际建设的公共服务设施使用的人也较少。

3. 对外道路通达性和可利用性差

【与外部交通直接联系少】

考虑到南部西沙湿地对人群的吸引，现有的与外部的交通联系较少，缺少较为直接的交通径所方式。村内有6个公交车站点，使通往西沙湿地的路径曲折。

【内部交通不通畅】

村庄内部道路多为田间路，主要道路较曲折，连通性较弱，断头路较多，村里西南区域道路密度较大主要考虑到由西沙湿地吸引来的游客，所以商业服务业较多。

4. 对游客的服务业发展规模较小

【农家乐为游客服务商业工作日的留影】

经过走访调查发现，工作日里村内整体体验为冷清，几个较大型的农家乐几乎没有看到游客，但是周末村内的农家乐几乎都会客满，出现供不应求的现象。

【为西沙湿地游客提供更多选择的可能性较小】

村内南部地区道路沿线发展起来的为游客服务的商业服务业建设情况较好，但种类较少，如宝岛蟹庄只为熟人提供家庭式的服务，村里大多数的农家乐没有得到足够的支持和宣传，同时为游客提供的服务单一，没有办法较好的满足游客的需求。

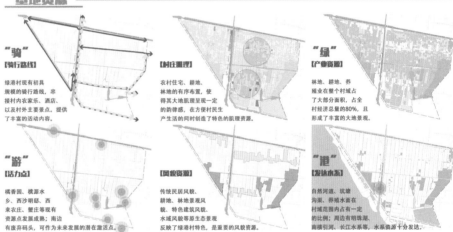

绿港村

小组成员：田博文 王子鑫 焦恺欣　　指导教师：张尚武 栾峰 杨辰　　研究生助教：刘亚薇 何瑛 孙嘉 魏丽

绿港村

系统分析图

【结构图】

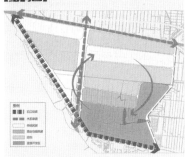

【设施布局图】

【居民点分布图】

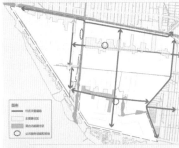

【交通分析图】

【商业分析图】

发展策略

肌理生成

- 穿过绿港村的自然水系为南横引河。其余沟渠皆为人工开凿。形成路沿河、路夹沟渠的道路网路河水系系统。主要居民点沿支路向两侧延伸。沿主路呈鱼骨状排列。路北侧居民点多于路南。
- 沿主路逐渐有民居建成。形成连续景观界面。
- 田间路与田埂形成。耕地紧靠住宅设置。每一条为一户。
- 除了耕地外，园地出现。柑橘种植业开始发展。
- 柑橘种植业逐渐超过粮食种植业，成为村民主要生活经济来源。园地大面积出现。且其位于耕地外围。
- 农家乐开始建立，靠近明珠湖景区。多采用围合式庭院，与绿港村传统民居不同。形成新的激励元素。

骑游线路和节点生成

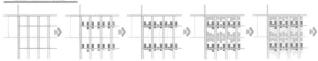

- 外部激活点为西沙湿地和明珠湖，内部激活点为蟹庄和西来农庄。由外向内，存在发展旅游产业带的潜力。
- 现状交通条件良好的是三华公路与新建公路。梳理交通系统，增加绿港村可达性。为旅游路线设计通达的观光道路。
- 在明珠湖——蟹庄——西来农庄——西沙湿地旅游带上，植入都市农园、高端养老、码头观光等一系列综合性产业，打造特色景观旅游线路。
- 在村民活动上，则利用工厂改造与村委会搬迁的契机，增设村民活动点。

用地规划图

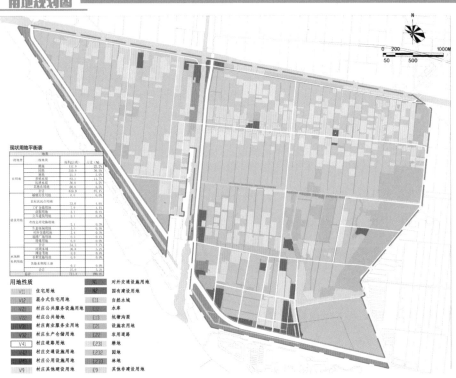

小组成员：田博文　王子鑫　焦恺欣　　指导教师：张尚武　栾峰　杨辰　　研究生助教：刘亚薇　何瑛　孙嘉　魏丽

规划区平面图 1: 2000

1 码头活动中心
2 垂钓园
3 老布文化展示区
4 民居体验式农家乐
5 活动中心
6 西沙明珠
7 养老公寓
8 富来农庄
9 度假酒店
⊞ 医疗点

规划区范围
N

绿港村

骑游路径断面图

骑游路径·特色文化与活动

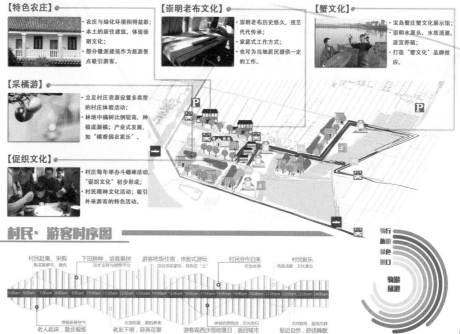

【特色农庄】
· 农庄与绿化环境相得益彰;
· 本土的居住建筑,体现崇明文化;
· 部分建筑派作为旅游景点吸引游客。

【崇明老布文化】
· 崇明老布历史悠久,技艺代代传承;
· 家庭式工作方式;
· 也可为当地居民提供一定的工作。

【蟹文化】
· 宝岛蟹庄蟹文化展示馆;
· 崇明水源头,水质清澈,适宜养殖;
· 打造"蟹文化"品牌效应。

【采橘游】
· 立足村庄资源设置多类型的村庄体验活动;
· 林地中橘树比例较高,种植成规模;产业式发展,如"橘香园农家乐"。

【促织文化】
· 村庄每年举办斗蟋蟀活动,"促织文化"初步形成;
· 村民精神文化活动;吸引外来游客的特色活动。

骑行
断游
特色
路口

骑游绿港

村民·游客时序图

村民赶集、采购
购买新鲜牛、猪肉

下田耕种,培育果树
技术支持与销售平台

游客吃饭住宿,体验式游玩
综合型农家乐,特色在"土"

村民劳作归来
互动体验

村民娱乐
戏曲戏剧、文化演出

5:00am 6:00am 7:00am 8:00am 9:00am 10:00am 11:00am 12:00am 13:00am 14:00am 15:00am 16:00am 17:00am 18:00am 19:00am 20:00am 21:00am 22:00am 23:00am 24:00am

呼吸新鲜空气
老人起床,散步锻炼

比钓而渔,高档养老
老友下棋,时弄花草

体验自然风光,尽兴而归
游客观西沙湿地落日,返回城市

大伙蛙鸣,夜深尤静
贴近自然,舒适酣眠

097

小组成员:田博文 王子鑫 焦恺欣   指导教师:张尚武 栾峰 杨辰   研究生助教:刘亚薇 何瑛 孙嘉 魏丽

绿港村

鸟瞰图

小透视

1 特色商业街

2 西沙明邸

3 工厂改造酒店

地块利用模式

【承包地块小块出租,一站农园模式】

村宅	村宅
甲 乙 丙	甲 乙 丙

□ 承包地　■ 切割出租的承包地　— 田间路

承包地块主要以游客为对象,发展"家庭农场"模式满足城市市民对于"绿色生活"的追求。同时增加土地户出收入,提升村民生活品质。

【责权清晰的宅前屋后场地利用】

□ 宅基地　□ 未明确限定的宅前屋后场地
□ 道路　□ 各类侵占、堆放杂物的场地
□ 权责清晰的宅前屋后场地
■ 集中利用的宅前屋后场地

房屋布局模式

【临街房屋布局模式】

	房屋		房屋
支路	前院		前院
	自留地		自留地
	主	路	

临界房屋前往往留有田地,以种植日常生活自家食用的蔬菜为主,种植种类多,各类数量适宜。

【临水房屋布局模式】

林地	林地
农家乐	
水	面

临养殖水面的房屋与水面有良好的呼应关系,增强养殖水面的景观作用,为游人提供较高质量的游憩场所。

【围合式房屋布局模式】

左厢房		右厢房
	主 路	

围合式的房屋主要为新建建筑,内部有庭院,环境较好,也有小型的菜园种植蔬菜。

【码头布局模式】

长	江
汽 轮	
防护林地	防护林地
滨江道路	
田 地	

码头经过改造供游人游憩,从滨江道路向江边引入,满足游客的亲水性需求。

主要户型图

【普通民居】

联排式的农村普通民居。可分期建设,也可加层至三层。并留有平台,为以后自行改建提供较大的灵活性。

【商住混合式民居】

下面布置商店,上面布置住房。后院作为作坊,也可做游客游览。适合面向大街的住户经营。

底层户型图 1:200　二层户型图 1:200

普通民居

商住混合式民居

小组成员:田博文　王子鑫　焦恺欣　　指导教师:张尚武　栾峰　杨辰　　研究生助教:刘亚薇　何瑛　孙嘉　魏丽

区位分析~

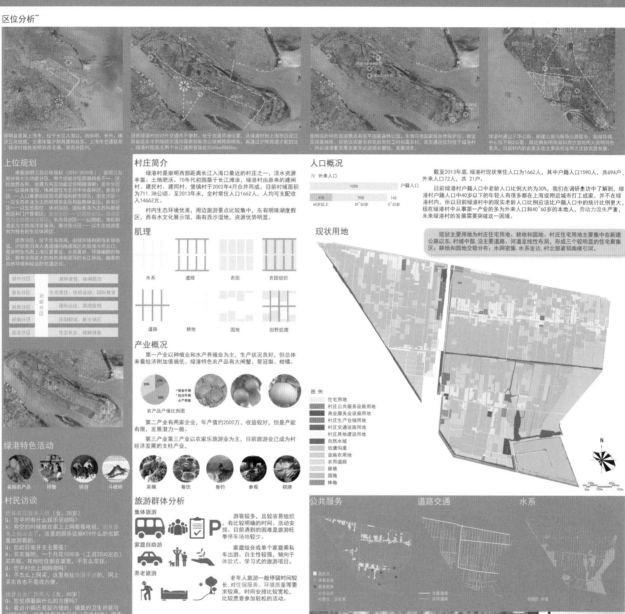

崇明县紧靠上海市，位于长江入海口，由崇明、长兴、横沙三岛组成，主要依靠水陆桥建构体系，上海市交通连接系统建构有明显西北向，靠西分区内。

目前绿港村的对外交通并不便利，交通十分繁忙设置复杂，从绿港村到上海市区或江苏省县东市的陆路须绕道需要经新海公路陶街抵明海，通过过沪青高速才能到达，通过绿港要经过江苏江连桥登陆经约65m约80km。

崇明岛的特色旅游要点有东平国家森林公园、东湖内美国鹤湿地自然保护区、横室足休基基地等。目前以农家乐知名的前明卫村和建为村，其交通区位像于绿华村，而以绿港要发展农家乐必须找长道路，发展特色。

绿港村通过三华公路、新建公路与新海公路联动、形成于镇联合中心，可达性较高。周边绿明珠湖和西沙湿地两大主明珠特色集点，目前村内的农家休主要依托这两大优质资源发展。

上位规划

根据崇明三岛总体规划（2010-2020年），崇明三岛划分有七大功能分区。绿华镇集体功能区内主分区。区位优势各异，发展方向及功能定位明确清晰：一以森林度假、发展功能定位明确清晰：崇东分区——人口集聚的田园式新城和城市城区、崇北分区——以生态农业为主的城郊旅游景区等、居南分区——以生态旅游、休闲设施、国际教育为主的旅游教育区和门户港区；一以生态居住、港机制造业为主的海洋装备业、南沙分区——以生态旅游度假为特色的生态休闲区。

崇西分区：位于全岛西端，由崇华镇和新生态村组成，沪崇苏过海大通道连南渡旅位的西南方滨江边，是重点长三角区重要的水系基础，环境陆机的地区，拥有全岛最大的自然原保留的长江沙洲岸，雅相的自然环境和较远的交通区位。

崇中分区	森林度假、休闲居住
崇东分区	生态居住、休闲运动、国际教育
崇西分区	国际会议、滨海度假
崇南分区	田园新城、新市镇区
崇北分区	生态农业、战略储备

绿港特色活动

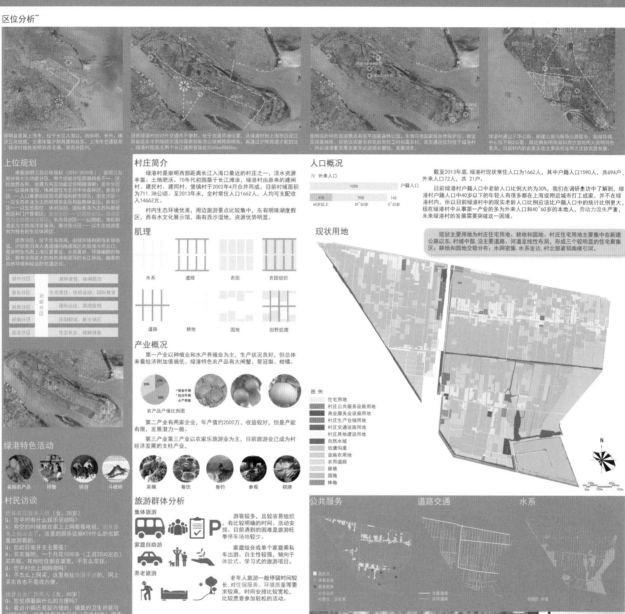

崇操农产品　捞蟹　骑游　斗蟋蟀

村民访谈

崇东农家院养人，（女，20岁）

Q：您平时有什么娱乐活动吗？
A：有空的时候就在家上上网看看电视。别说去基本上都去了，这里的娱乐设施KTV什么的也都是比较乘的。

Q：您的日常开支主要是？
A：买衣服嘛，一个月花1000多（工资2500左右）买衣服。其他吃住都在家里，不怎么花钱。

Q：您平时会去网购物吗？
A：不怎么上网购，这里有些地方是不通的，网上买东西也不是很方便。

崇堡五金厂老板人，（女，60岁）

Q：您觉得看病什么的方便吗？
A：看点小病还是很方便的，镇里的卫生所就可以解决了，就是平常开点压药（药品转换）需要到南门中心医院，来回要跑跑。

Q：您的日常开支主要是？
A：礼仪方面，亲戚朋友家红白喜事、生日都要送礼的。平时蔬菜是自己种的，再买点肉菜就可以了，也不花什么钱。

Q：那村里婚宴会去饭店办吗？
A：都在自己家办的，门口摆15桌，再请个厨师，很热闹的。

Q：都是女儿哪工作？
A：两个儿子都在上海安家了。节假日会回来看我们。

求大（男，60岁）

Q：您现在有几亩地，主要种什么？
A：现在在种的有十亩左右，主要是种十几亩，还有些芋头、柿子、菜，还有家里还有几只羊。

Q：收成怎么样？卖给谁呢？
A：我种了六亩橘子、大概能收三五万，三宝梨大概收5000斤，柑橘和梨都有村里的黄牛收的，橘子八毛一斤、梨便宜一点，两块一斤，这几年不敢种和就是因为天气、天收，现在有人收就能卖一些了，不过有时候供应比较厉害，平时还会把家里种的菜拿到镇里集市去卖。

Q：您的子女在哪工作？
A：儿子在上海开公司，孙女也在上海。

Q：您会使用平时看看些什么的力的便的吗？
A：都方便的，看里卫生室的那些，委托水账去镇里卫生所，不过现在身体还好些，也不怎么去。

Q：您会使用村里的体育设施吗？
A：不用，平时下地都干活儿挺累了，国家就送休息看看电视，这里的体育设施也没什么人用，我们农村人都干习惯了，也恼练力。

发展方向分析

第一产业　+　旅游　+　生活

农村电商

淘宝卖菜　　网上预订

村庄简介

绿港村是崇明西部距离长江入海口最近的村庄之一，淡水资源丰富；土地肥沃。70年代初围垦于长江滩涂，绿港村由原来的建闸村、建民村、建同村，垦埴村于2002年4月合并而成。目前村域面积为711.38公顷。至2013年末，全村常住人口1662人，人均可支配收入14662元。

村内生态环境优美，周边旅游景点比较集中，东有明珠湖度假区，西有水文化展馆，南有西沙湿地，资源优势明显。

肌理

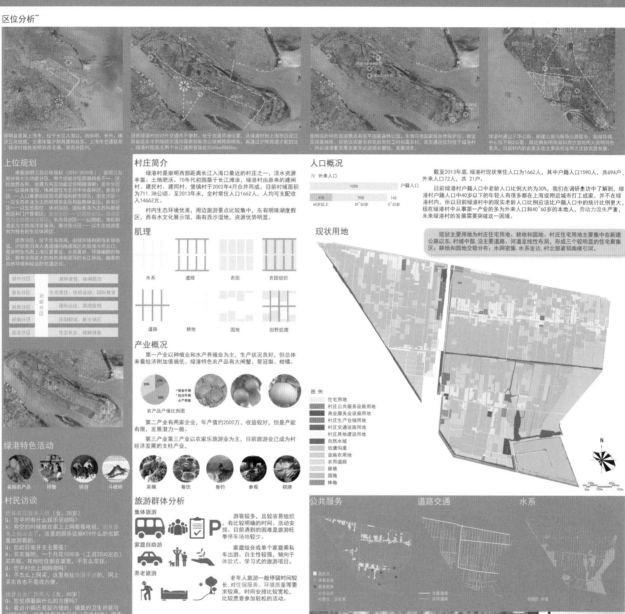

水系　道路　农田　农田组织

道路　耕地　园地　田野肌理

产业概况

第一产业以种植业和水产养殖业为主，生产状况良好，但总体来看经济附加值偏低。绿港特色农产品有大闸蟹、翠冠梨、柑橘。

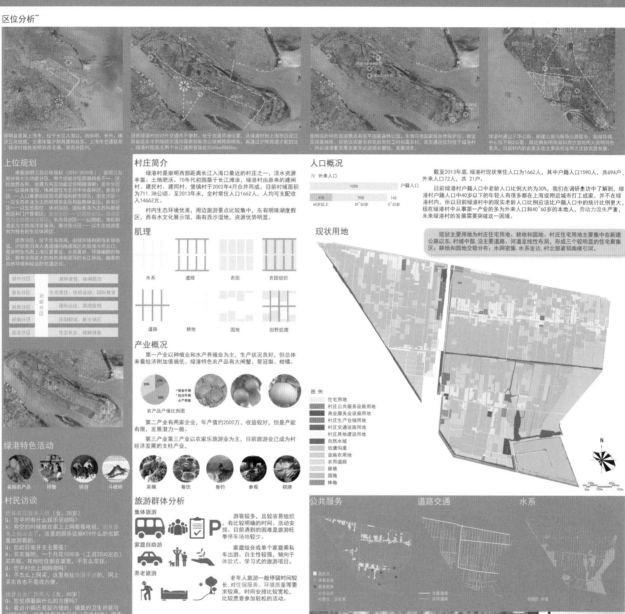

农产品产值比例图

第二产业有两家企业，年产值2000万，效益较好，但是产能有限，发展潜力一般。

第三产业第三产业以农家乐旅游业为主，目前旅游业已成为村经济发展的支柱产业。

旅游群体分析

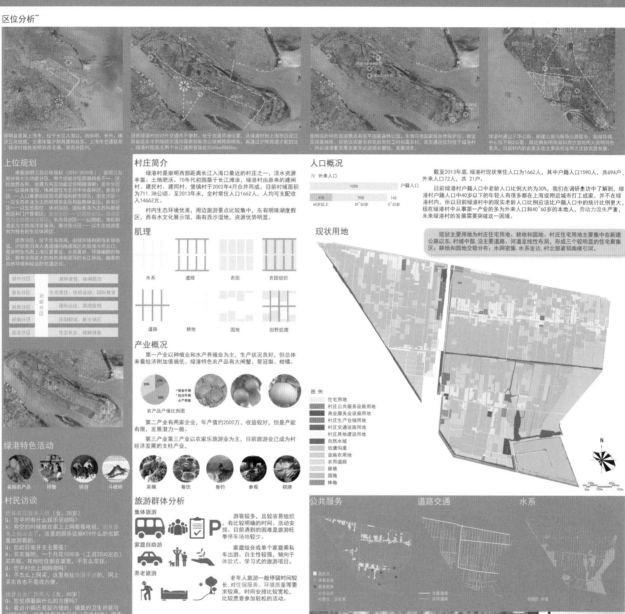

集体旅游 —— 游客较多，且较容易组织有比较明确的时间、活动安排。目前遇到的困难是旅游旺季停车场地较少。

家庭自助游 —— 家庭组合或单个家庭乘私车出游，自主性较强，倾向于体验式、学习式的旅游项目。

养老旅游 —— 老年人旅游一般停留时间较长，对住宿服务、环境质量等要求较高，时间安排比较宽松，比较愿意参加轻松的活动。

现状问题

1）面临本地年轻人外流和对外来劳动力吸引力不足的双重困境。
2）处于崇明县的交通尽端位置，对外交通不便。
3）农产品的销路和价格仍不很稳定，影响了农民种植的积极性。
4）和岛内其他较早发展和更占交通优势的农家乐相比，特色并不明显。
5）旅游资源的开发和利用还有待改进，缺乏相应的设施配套和管理。
6）农家乐的整体服务水平有待提高。
7）由于受到宅基地政策和经济因素的影响，居民改造房屋经营小型农家乐的行为受到制约，对绿港村农家乐的多元化发展有一定阻碍。
8）居民生活比较单调，缺少娱乐活动。

人口概况

截至2013年底，绿港村现状常住人口为1662人，其中户籍人口1590人，共694户，外来人口72人，共 21户。

目前绿港村户籍人口中老龄人口比例大约为30%，我们在调研走访中了解到，绿港村户籍人口中40岁以下的年轻人很很多都在上海或附近城市打工成家，并不在绿港村内，所以目前绿港村中的现实老年人口比例应该比户籍人口中的统计比例更大。现在绿港村中从事第一产业的多为外来人口和40~60岁的本地人，劳动力流失严重，未来绿港村的发展需要突破这一困境。

	72 外来人口	
1590		户籍人口
478	950	162
60岁以上	20~60岁	0~20岁

现状用地

现状主要用地为村庄住宅用地、耕地和园地。村庄住宅用地主要集中在新建公路以东、村域中部，沿主要道路、河道呈线性布局，形成三个较明显的住宅聚集区；耕地和园地交错分布；水网密集，水系发达，村北郡郭南横引河沟。

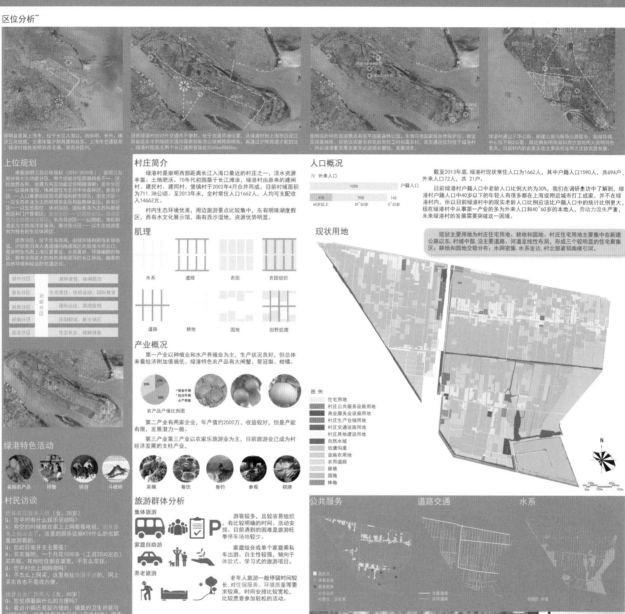

图例
- 住宅用地
- 村庄公共服务设施用地
- 商业服务业设施用地
- 村庄生产仓储用地
- 村庄交通设施用地
- 村庄其他建设用地
- 自然水域
- 坑塘沟渠
- 设施农用地
- 农村道路
- 耕地
- 园地
- 林地

N

公共服务　　道路交通　　水系

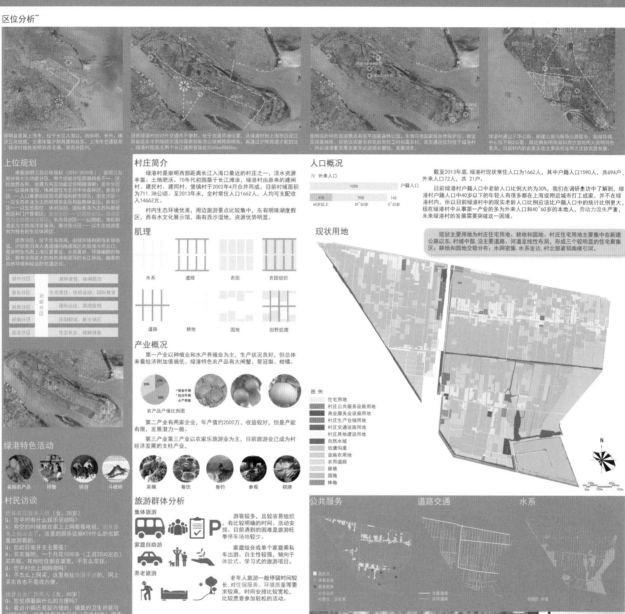

崇西水闸/世界河口沙洲水文化展示馆

南横运河

蟹庄

田野风光　崇明西沙湿地公园　西来农庄　明珠湖（东侧约2公里）

小组成员：徐鼎壹　李行健　廖舒文　刘煜楦
指导教师：张尚武　栾峰　杨辰
研究生：何瑛　刘亚微　孙嘉　魏丽

绿港村

规划目标

生产模式

循环经济

现状：村庄里的农业生产多为一种资源—产品—废弃物的单项流动的生产流程，对生产产生的废物利用程度不够，一方面造成浪费，另一方面污染环境。

理念：村庄里的农业生产为一种资源—产品—再生资源的循环流动的生产流程，充分利用废物，节约资源，保护环境。发展林下经济，增加土地产出。

循环经济，它按照自然生态系统物质循环和能量流动规律重构经济系统，使经济系统和谐纳入到自然生态系统的物质循环的过程中，建立起一种新形态的经济。循环经济是在可持续发展的思想指导下，按照清洁生产的方式，对能源及其废弃物实行综合利用的生产活动过程。

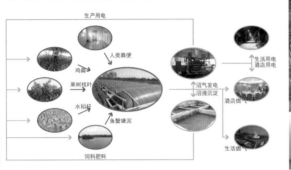

林下经济

林下经济，主要是指以林地资源和森林生态环境为依托，发展起来的林下种植业、养殖业、采集业和森林旅游业。

绿港村现大部分农用地为园地，种植柑橘、翠冠梨等村庄特色水果。调研中我们了解到，已经有农户在果林中混植芋头、花生等作物，在林间散养土鸡，网络上还有销售"柑橘林下土鸡蛋"等特色农产品。由此可见，林下经济在绿港村有很大的发展前景。

绿港村园地分布

○ 现有林下经济示范点
○ 未来可能的林下经济发展聚集区

产品销路

现状：农产品流向多为自家消费，被收购、农家乐餐饮等，模式较单一。

理念：丰富农产品的出路，如食品深加工、网络销售、游客农耕体验等。

现状农产品出路

开辟农产品新出路

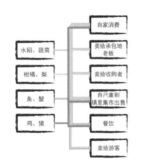

柑橘、梨等产品若卖给村里承包地的老板，收成好的时候10000~15000元/亩，收成不好的时候约4000~5000元/亩；若卖给专门收农产品的人，收成好的时候6000~7000元/亩。农产品销售过于依赖他人收购，农户处于被动地位，缺乏自主定价权

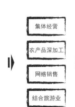

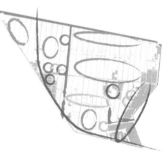

村民生活

增加娱乐活动，焕发乡村活力

现状：村民的工作多为务农或做工，接待游客，闲时聚在一起打麻将，生活内容不够丰富。

理念：职业相对丰富，有一定的分工，如导游、乡镇企业职工、护林员等。文体娱乐活动也大大丰富，如观影、球赛、垂钓、骑行等，村民交往频繁。

绿港村的农事活动在九、十月份较密集，农家乐游集中在节假日和周末，在采摘季节旅游活动更加频繁。除旅游活动和农事活动以外，村民的业余生活较单调，参加娱乐活动的机会不多。我们希望通过增加文娱活动，以公共活动中心和小型活动空间为活动载体，提升村民的生活品质。

农事活动时间分布

公共空间分布

公共活动时间分布

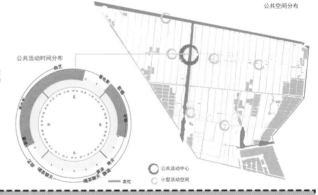

○ 公共活动中心
○ 小型活动空间

旅游活动

现状：农家乐活动基本局限在水果采摘和餐饮上，游客的游览体验单一，时间上多为一日游，为村庄带来的经济效益一般。

理念：丰富游客的游览活动，如农耕体验、水上活动、骑行、露营等，延长游客的驻留时间。

旅游活动组织

step1：对已有旅游资源进行梳理，如外部的西沙湿地，明珠湖，内部的农家乐基础等。

step2：对已有旅游项目进行扩展，开发新的旅游项目。

step3：开发骑行线路，将旅游节点串联起来，形成完整的系统。

小组成员：徐鼎壹　李行健　廖舒文　刘煜橦
指导教师：张尚武　栾峰　杨辰
研究生：何瑛　刘亚微　孙嘉　魏丽

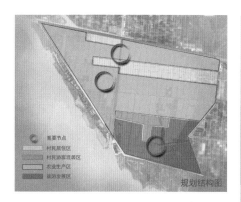

规划结构图

图例：重要节点、村民居住区、村民游客混居区、农业生产区、旅游发展区

居民点及公共设施规划

用地适宜性评价

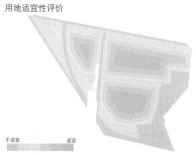

不适宜　　　适宜

景观风貌规划

给排水设施规划

环卫与能源设施规划

道路交通规划

现状用地

用地代码	用地名称		用地面积（hm²）	比例（%）
V	村庄建设用地		77.7	10.0%
	村民住宅用地		58.3	7.5%
	村庄公共服务用地	公共服务设施用地	2.1	0.3%
		公共场地用地	3.5	0.5%
	村庄产业用地	商业服务业设施用地	3.1	0.4%
		村庄生产仓储用地	7.9	1.0%
	村庄基础设施用地	村庄道路用地	0.5	0.1%
		村庄公共基础设施用地	2.1	0.3%
	村庄其他建设用地		0.2	0.0%
N	非村庄建设用地		2.4	0.3%
	对外交通用地		2.4	0.3%
	国有建设用地		0	0.0%
E	非建设用地		696.8	89.7%
	水域	河流湖泊	36.8	4.7%
		养殖水面	83.5	10.7%
		坑塘水面	36.8	4.7%
	农林用地	耕地	109.4	14.1%
		园地	348.2	44.8%
		林地	21.3	2.7%
		设施农用地、农用道路	60.8	7.8%
	其他非建设用地		0	0.0%
总计			711.5	100.0%

规划用地

用地代码	用地名称		用地面积（hm²）	比例（%）
V	村庄建设用地		109.0	15.3%
	村民住宅用地		52.2	7.3%
	村庄公共服务用地	公共服务设施用地	2.8	0.4%
		公共场地用地	2.1	0.3%
	村庄产业用地	商业服务业设施用地	8.5	1.2%
		村庄生产仓储用地	3.1	0.4%
	村庄基础设施用地	村庄道路用地	33.3	4.7%
		村庄公共基础设施用地	6.5	0.9%
	村庄其他建设用地		0.4	0.1%
N	非村庄建设用地		0.0	0.0%
	对外交通用地		17.5	2.5%
	国有建设用地		0.0	0.0%
E	非建设用地		585.1	82.2%
	水域	河流湖泊	33.9	4.8%
		养殖水面	76.3	10.7%
		坑塘水面	33.9	4.8%
	农林用地	耕地	107.8	15.2%
		园地	255.2	35.9%
		林地	64.0	9.0%
		设施农用地、农用道路	14.1	2.0%
	其他非建设用地		0.0	0.0%
总计			711.5	100.0%

图例：住宅用地、村庄公共服务设施用地、商业服务业设施用地、村庄生产仓储用地、村庄交通设施用地、村庄其他建设用地、自然水域、坑塘沟渠、设施农用地、农用道路、耕地、园地、林地、发展区

绿港村

小组成员：徐鼎壹　李行健　廖舒文　刘煜樟

指导教师：张尚武　栾峰　杨辰
研究生：何璟　刘亚微　孙巍　魏丽

绿港村

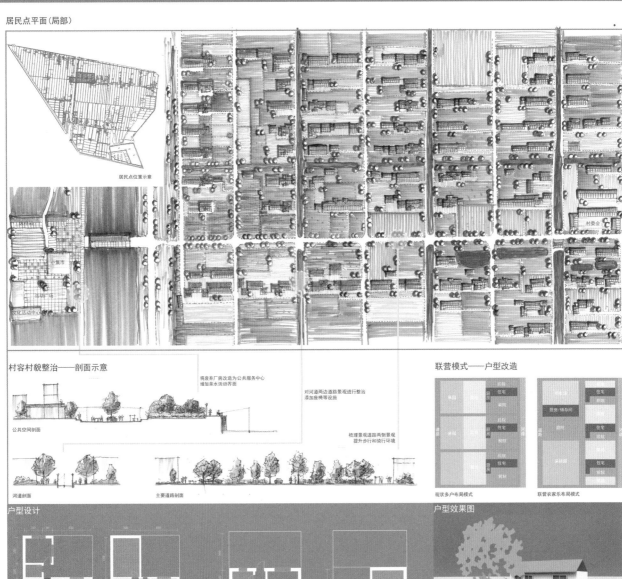

居民点平面（局部）

居民点位置示意

小集市

活动场

文化活动中心

村委会

村容村貌整治——剖面示意

将废弃厂房改造为公共服务中心
增加亲水活动界面

对河道两边道路景观进行整治
添加座椅等设施

公共空间剖面

梳理景观道路两侧景观
提升步行和骑行环境

河道剖面

主要道路剖面

联营模式——户型改造

现状多户布局模式

联营农家乐布局模式

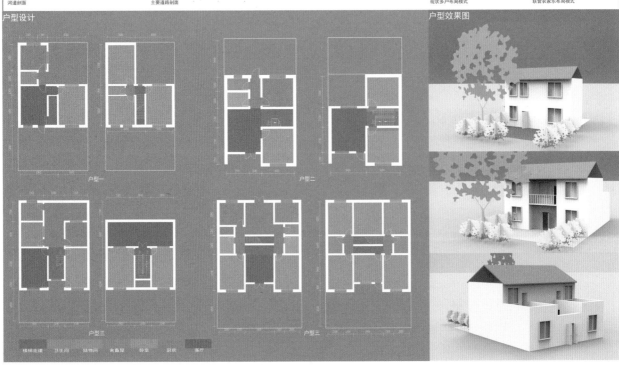

户型设计

户型一

户型二

户型三

户型三

户型效果图

楼梯走道　卫生间　储物间　禽畜屋　卧室　厨房　客厅

小组成员：徐鼎壹　李行健　廖舒文　刘熠橦

指导教师：张尚武　栾峰　杨辰
研究生：何瑛　刘亚微　孙嘉　魏丽

上海市崇明县三星镇育德村村庄规划

"心肺复苏"术

同济大学城市规划系

指导老师：张尚武 栾峰 杨辰
小组成员：刘晓畅 李吉恒 茅天轶 李璋洁

区位分析

【上海层面】

崇明岛属上海市，位于长江入海口。长江隧桥增强同上海的联系，成为上海辐射苏北腹地最便捷的通道，是上海"北大门"。

【崇明县层面】

崇明三岛规划分为七大功能分区，育德村所在的三星镇位于崇西（景湖会展区），崇南（田园新城和新市政区）和崇中分区（中央森林区）交界处，功能较为综合。交通上，三星镇靠近陈海公路的尽头处，陈海公路的影响力有一定的局限性。

【三星镇育德村层面】

育德村南与上海崇明西沙—明珠湖风景区接壤，距三星镇区约3公里。近来，村域内有修建了陈海公路，虽方便了与外界的联系，但对村庄的割裂影响十分严重。

村庄现状

【育德村现状用地图】

育德村现状用地汇总表

【公共服务设施】 【交通道路】 【市政设施】 【主要产业】

公共服务设施集中在公路布置，结合村委形成综合健身室，卫生室、图书室、三华公路沿线为半年活动室建身点。

陈海公路和三华公路经过村庄，另有宽2-4米，沿房屋和河道重置的村道。村庄需求：电力：架空线穿越村内有公交牛线经过，村三种站点。

生活污水未集中收集供水：基本满足村庄；环口：垃圾处理3处；通信：2处通信基站。

村内目前有两处白山羊养殖基地、大型养鸽厂，且正在筹建新的养鸽厂。以明珠湖大门为中心，周边发展了一批农家乐。

现状资源与分析

【农业生产资源】

种植业：耕地161.4公顷，园地36.5公顷，主要在村庄北部，耕地、园地交错分布，有着丰富的农业资源和田园水乡风情。

养殖业：以养殖白山羊与肉鸽为主，村西部的养鸽场是华东地区最大的养鸽场。崇明白山羊研究所也设在育德村，是崇明白山羊的育种基地。

【生态林地资源】

面积：公益林130公顷。

生态：崇明在建设生态岛的目标指导下，鼓励农民进行土地流转，将大量耕地转变为林地。

景观：目前，公益林也是村庄重要的景观资源，有进一步开发的潜力。

【河湖水系资源】

水质：育德村位于崇明岛西端，是全岛最上游、水质最好的地区。

观光：村庄毗邻全岛最大的自然湖—明珠湖，自然环境幽雅，是明珠湖景区的门户节点。

灌溉：村内水网密集，水系发达，是典型的江南乡村水网格局。

待医治的"心病"

人口问题
【人口结构空心化】

85%

育德村的常住人口中有85%的老人，只有15%的年轻劳动力。人口空心化、老龄化十分严重。

15% 85%

【劳动力缺失】

20%

大约只有20%的户籍青壮年仍在村里从事农业相关工作。种地又苦又累，收益不好。劳动力大量流入城市，村内劳动力严重缺失。

产业问题
【产业提供的就业收入少】

家庭人均可支配收入（单位：万元）

1.33　1.25　0.88

崇明县　三星镇　育德村

8800元/人

现有产业无论是养鸽、护林，还是耕地，能够得到的收入都较少。全村收入水平远低于崇明县与三星镇平均。

【旅游业不成规模、不成体系】

16户

现有的农家乐仅16户，集聚效应不足。最大的原因在于村民的观念问题，他们对农家乐持保守态度。

空间安全问题
【公路穿越村域，影响安全】

3起

陈海公路虽然带来了交通的便利，但是也带来安全隐患。每年发生交通事故约不下3起，给村民造成了严重损失。

"心病"的恶性循环

村庄劳动力流失 → 产业失去人力资源
青壮年劳动力离开农村进入城市　农村产业能够雇佣的优质劳动力减少

劳动力收入又较低 → 产业发展水平受眼
劳动力在产业中获得的收入降低　农村产业发展水平受劳动力质量制约

待激活的"肺功能"

【内部优势】 【外部机遇】

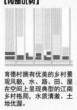

西沙湿地
白山羊
明珠湖
农家乐

育德村拥有优美的乡村景观风貌、水、林、田、屋。育德村出产崇明岛特产白山羊，又临近明珠湖公园、西沙湿地等旅游景点的村，是典型的乡村，又有丰富的景观资源。

"复苏"术

保肺：利用生态资源，提升村庄魅力

利用现存生态优势和乡村风貌资源，引导适度开发。提升村庄综合实力，充分发掘村庄亮点。

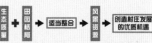

生态质量 + 田园格局 → 适当整合 → 风景资源 → 创造村庄发展的优质机遇

复心：引导产业升级，吸引人口回流

依托适度的村庄旅游开发，引导产业升级。旅游产业与农业、农民充分互动，吸引劳动力回流。

旅游产业 + 优质农业 → 高效益的新型产业 → 吸引劳动力回流 → 村庄产业社会全面复苏

村民访谈情况

【村庄常住人口空心化严重】

每户有1个以上年轻人 2%
每户有1个年轻人 13%
每户没有年轻人 85%

年轻人指青壮年劳动力，约20-40岁

儿女在上海工作，村里都是老人…村里主要是老人在种田。年轻人都跑城里去了，村里年轻人很少。

【居民出行较为方便】

较为方便 82%
一般 15%
不方便 1% 很方便 2%

【村庄经济实力较差】

家庭人均可支配收入（单位：万元）

1.33　1.25　0.88

崇明县　三星镇　育德村

【经营农家乐前景一片大好】

已经营 48%
准备 25%
无所谓 27%

村庄风貌

【绿肺——种植林地】 【活水——输水河道】

【白墙——乡村别墅】 【藏宝——多种院落】

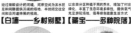 

"心肺复苏"术

同济大学城市规划系

指导老师：张尚武 栾峰 杨辰
小组成员：刘晓畅 李吉相 茶天轶 李玮洁

"心肺复苏"术演绎

【核心策略】

保肺·环境改造
- 缓解公路对村庄的分割：通过步行桥连接被分割两半的村庄，打造村庄特色。村民受益
- 耕地、林地适度旅游化：耕地、林地内部增加可进入设施，提升旅游吸引力。游客受益

复心·产业升级
- 提高传统农业附加值：通过科学提耕种、组织合作销售提高农产品附加值。村民受益
- 旅游开发联合农民：使农民和农民的从事的农业活动成为旅游的一部分。合作共赢

复苏·乡村社会

提升青壮年人口比例
通过更高的收入和更好的环境吸引青壮年回乡

保持农民家庭完整
青壮年回乡之后留守老人和儿童问题得以解决

加强城乡人口交往
旅游模式给予了城乡居民之间相互了解的机会

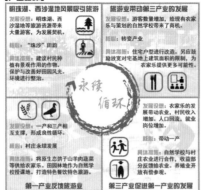

【产业循环】

明珠湖、西沙湿地风景吸引旅游

旅游业带动第三产业的发展

永续循环

第一产业反馈旅游业

第三产业促进第一产业的发展

产业与人的互动

丰富的产业类型 / 活跃的人群活动

村庄居民 / 外来人口

【农业升级】

特产养殖业 / 养殖工人 / 技术人员

有机种植业 / 农民 / 技术人员

【休闲旅游】

旅游度假村 / 回乡农民工 / 游客 / 外来打工者

自营农家乐 / 农民 / 游客

自然学校 / 农民 / 游客 / 养殖工人

村庄规划与产业活动策划

【自然学校】
【农耕文化】
【田园摄影】
【农家小菜】
【采摘瓜果】
【林中徒步】
【乘船观光】
【房车营地】
【疗养庄园】

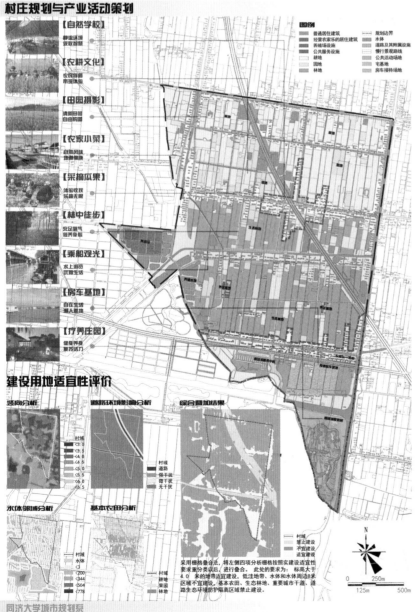

图例

建设用地适宜性评价

竖向分析 / 道路环境影响分析 / 综合叠加结果

水体邻近分析 / 基本农田分析

采用栅格叠合法，将左侧四项分析栅格按照建标高适宜性要求重分类后，进行叠合。此次的要求是：标高大于4.0米的地带适宜建设，低注地带、水体和水体周边8米区域不宜建设。基本农田、生态林地、重要城市干道、道生态环境的护隔离区域禁止建设。

N

0 125m 250m 500m

产业联动与社会复苏

农民 / 更高的收入 / 完整的家庭

开发商 / 良好的收益 / 稳定的雇员

游客 / 舒适的旅程 / 农业的体验

在全村域范围内依托种植业、养殖业等农业资源，整合度假村、家庭农家乐、自然学校等的旅游开发项目，促进"1+3"产业发展模式与全村农民的互动，使全村村民都能获得旅游业发展带来的收益。并通过收入提高吸引劳动力回流，复苏乡村社会。

育德村

"心肺复苏"术

同济大学城市规划系

指导老师：张尚武　栾峰　杨辰
小组成员：刘晓畅　李吉桓　茅天铁　李瑾洁

育德村旅游地图

旅游地图

育德村欢迎您

育德风光无限好

明珠湖 泛舟

村民活动分析

【每日活动】

村民：村民以日常劳作为主，兼有农家乐的招待活动。

赶集、打扫 5:00　下田耕作 9:00　农家午餐 12:00　指导游客 14:00　归家、晚饭 18:00　休闲、娱乐 21:00

游客：游客活动主要为各种参观体验项目，部分含居住体验。

7:00 出发　9:00 到达、观光　12:00 农家午餐　14:00 农耕体验　17:00 湖滨烧烤　21:00 散步、观星

【每周活动】

村民：工作日以日常劳作为主，周末招待大批农家乐游客。

收拾打扫、赶集 Mon.Tue.　下地耕种 Wed.　迎接周末 Fri.　服务农家乐游客 Sat.Sun.

游客：除了周末观光客，还有中长期在此养生体验的游客。

Mon.Tue. 到达休息、观光　Wed. 农耕体验　Thur. 娱乐休闲　Fri. 到达、休整　野营、游戏

【每年活动】

村民：活动由农忙、农闲季节以及不同作物的种植周期决定。

水稻播种 Feb.　小麦收割 Jun.　西瓜采摘 Jul.Aug.　螃蟹捕捞 Sept.　小麦播种 Nov.Dec.

游客：根据农业耕作季节选择农业体验旅游项目的不同。

Jan. 春节度假　Apr. 春游踏青　Jun. 垂钓　Jul.Aug. 学生学农　Oct. 橘子采摘　Nov.Dec. 年终聚会

规划结构图

两大辅轴
五大分区
六横三纵

图例
- 明珠湖镇级公共中心
- 育德村村级公共中心
- 明珠湖度假区
- 养殖区
- 林地区
- 园地区
- 耕地区
- 农家乐居住带
- 农家乐与非农家乐居住带
- 非农家乐居住带
- 村庄主要景观廊道
- 明珠湖景观带

规划土地利用图

规划用地汇总表

图例
- 耕地
- 园地
- 林地
- 设施农用地
- 其他农用地
- 养殖用地
- 农村居民点用地
- 混合用地（含接的农家乐）
- 村级公共服务设施用地
- 城镇建设用地
- 道路广场用地
- 河渠水面

规划道交分析图

增设步行天桥

陈海公里和三华公路的穿越，虽便利了育德村的交通，但对村庄造成的割裂影响也不可忽视，为减缓公路对村庄的割裂，保障村民的安全，在陈海公路靠近村委会的路口增设步行天桥。

开辟房车营地

利用明珠湖畔得天独厚的自然景观资源和陈海、三华公路便利的道路交通优势，在明珠湖公园东侧开辟房车露营地。

图例
- 步行天桥
- 公交站点
- 主干道
- 次干道
- 慢行系统
- 停车场
- 房车营地

规划景观分析图

开辟观景线路

以育德中心路为基础，建成南北景观主轴，景观主轴辐射形成西新西田—育德南路和三华公路次景观轴，将园地、林地和滨湖景观连成整体。

图例
- 观光节点
- 宽阔视野
- 直线视线
- 园田景观区域
- 林地景观区域
- 滨湖景观区域
- 乡村景观轴线
- 滨湖景观轴线

育德村

"心肺复苏"术

同济大学城市规划系

指导老师：张尚武 栾峰 杨辰
小组成员：刘晓畅 李吉桓 茅天轶 李璋洁

育
德
村

集中居民点平面图

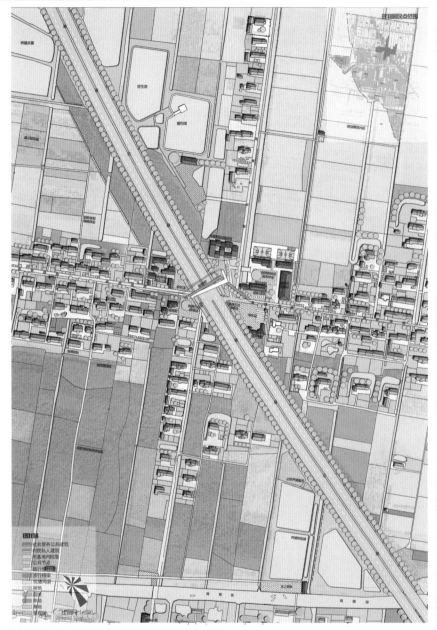

户型设计

户型1：静养户型
独立卧室&卫生间，适合从城市回归乡村体验生活的人群。

改造前

一层平面图　　二层平面图

主要问题：布局松散，空间浪费
新增功能：客房、餐厅、娱乐房、屋顶菜园、室外休憩

改造后

一层平面图　　二层平面图

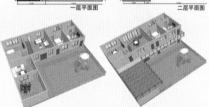

户型2：农家体验户型
依旧保留着原有的家禽养殖，给住户最原始的乡村生活体验。

 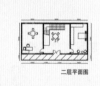

改造前

二层平面图

一层平面图

改造后

主要问题：厕所与主要功能房间分离，空间布置不够集约。
新增功能：各类客房、娱乐房、室外休憩

二层平面图

一层平面图

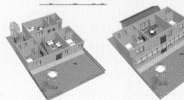

关于用地分类的探究

【前期统计口径分类】

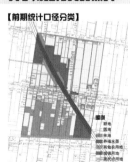

【调整后的统计口径分类】

【数据比较】

前期调研数据

用地性质	所占比例（%）
农用地	耕地	7.85
	园地	17.42
	林地	10.07
	其他农用地	
村庄建设用地	村庄住宅用地	5.61
	交通运输用地	3.09
水域	河湖水域	
	养殖水域	11.39
城镇建设用地	城镇建设用地	1.39
总计		100

调整后的统计数据

用地性质	所占比例（%）
村庄建设用地	村民住宅用地V1	
	村庄公共服务用地V2	0.94
	村庄基础设施用地V4	1.06
区域交通设施用地H2	公路用地H22	5.25
水域E1		5.78
非建设用地E	设施农用地E21	3.47
	农村道路E23	
	其他农林用地E23	59.74
	其中 耕地	7.92
	园地	20.22
	林地	
总计		100

用地类别调整

其他农用地	城镇用地
农用道路	村镇服务
水域	林地
养殖水域	村庄交通
设施农用地	公路用地

统计口径调整

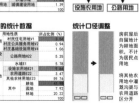

房前屋后留地计为静地面积，不计为居民点用地

将其他农林地中灌溉沟渠与农田道路区分开

【循循善游】1

上海市崇明县三星镇育德村村庄规划

小组成员：杨楚昳 赵莹　指导老师：张尚武 栾峰 杨辰

区位分析

交通区位

崇明岛是上海融入江苏北部腹地的最便捷通道。除了长江隧桥，规划中跨江公路通道以及跨江铁路、轻轨通道等多种交通方式。

崇西分区位于崇明岛西端，是崇明大桥出口，且有城市主干道陈海公路，因此崇西分区虽然位于末端但交通条件较好。

三星镇位于崇西分区东部，主要道路包括陈海公路、新建二路和三华公路。整体交通条件较好，但主要道路集中在西南部。

育德村位于三星镇西南部，陈海公路和三华公路通过，村域南北方向路网通畅度不佳，特别是西部距离路网较多，与外村联系不便。

产业区位

崇明岛由崇明、长兴、横沙三岛组成。崇明是上海可持续发展的重要战略储备空间。其整体的发展方向以生态产业为主。

崇西分区的上位定位以国际会议、滨湖度假为主的明珠湖会展区，主要依托于区内明珠湖景区的发展潜力。

三星镇主要的产业为轻纺加工业以及白山羊养殖业。因此未来规划中白山羊相关产业有较大的发展可行性。

育德村内主要为肉鸽、白山羊养殖以及生态林的养护产业。育德村周边的村庄主要以桔橘种植产业为主。

村庄风貌

村庄资源

村庄道路

村民简屋

白山羊

生态林

河流

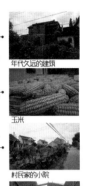

年代久远的建筑

玉米

村民家的小院

养鸽场

现状问题

人口结构

年龄构成	人数	比例（%）
0-12 岁	186	5.9
13-19 岁	134	4.2
20-60 岁	1850	58.6
60 岁以上	987	31.3
合计	3157	100

· 老龄化程度较高
· 户籍人口中青壮年比例较大，但常住人口以40-60岁为主

道路交通

· 村民日常主要采用助力车出行，长距离选择公交或私家车
· 除了陈海公路通行能力较高，其他道路通行能力较低
· 陈海公路对村庄分割作用很大，南北向道路不连通

公共设施

· 现状公共服务设施分布主要集中在明珠湖景区门口以及村委会所在的设施点，服务覆盖范围不足。

产业发展

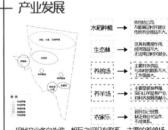

水泥种植
生态林
养鸽场
养羊场
农家乐

· 现状产业各自为政，相互之间没有联系，养鸽场、养羊场缺乏对于本村的产业带动，与村外产业也缺少联系。

目标与策略

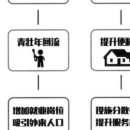
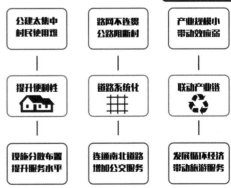

问题	人口空心化留守老人多	公建太集中村民使用难	路网不连贯公路阻断村	产业规模小带动效应弱
目标	青壮年回流	提升便利性	道路系统化	联动产业链
策略	增加就业岗位吸引外来人口	设施分散布置提升服务水平	连通南北道路增加公交服务	发展循环经济带动旅游服务

村域交通产业规划图

育新村　海滨村　西新村　纺织厂　三协村　华星村　养猪户　养鸽场　育德村　南协村　绿港村　桔园　养羊基地　桔园　海洪港村　明珠湖

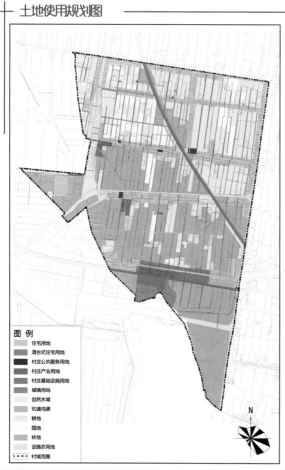

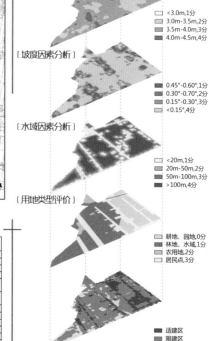

【循循善游】2

上海市崇明县三星镇育德村村庄规划

小组成员: 杨楚昳 赵莹 指导老师: 张尚武 栾峰 杨辰

育德村

策略分析

┼ 人口结构 + 产业发展 〔产业发展带动人口就业, 促进人员回流〕

定居人群
现状村民
回流村民
外来人群

科研人员   当地农民   外来居民   服务业从业者

规划产业
禽畜养殖
农业生产
旅游服务

禽畜养殖

农业生产   休闲旅游   相关商业

流动人群
外来人群

科研人员   各地游客   投资商人

┼ 道路交通 + 公共设施 〔沿路空地划成公共节点, 道路串联公共设施〕

村委会   旅游巴士   卫生室
村庄主路   村庄支路
文化设施
健身广场   老年活动中心

服务接受者
现状村民
外来游客
外来人口

社区服务   村民健身   旅游服务

服务提供者
现状村民
外来人口
投资商人

规划系统图

┼ 功能结构图

┼ 道路交通规划图

┼ 资源保护规划图

┼ 公共设施规划图

┼ 市政设施规划图

土地使用

┼ 土地使用规划图

图例
住宅用地
混合式住宅用地
村庄公共服务用地
村庄产业用地
村庄基础设施用地
城镇用地
自然水域
坑塘沟渠
耕地
园地
林地
设施农用地
村域范围

N

┼ 土地使用现状图

图例
农村居民点用地
城镇用地
村庄产业用地
交通运输用地
城镇建设用地
河流水面
养殖水面
坑塘水面
耕地
园地
林地
其他农用地
设施农用地
村域范围

N

用地适宜性评价

〔高程因素分析〕
<3.0m,1分
3.0m-3.5m,2分
3.5m-4.0m,3分
4.0m-4.5m,4分

〔坡度因素分析〕
0.45°-0.60°,1分
0.30°-0.70°,2分
0.15°-0.30°,3分
<0.15°,4分

〔水域因素分析〕
<20m,1分
20m-50m,2分
50m-100m,3分
>100m,4分

〔用地类型评价〕
耕地、园地,0分
林地、水域,1分
农用地,2分
居民点,3分

适建区
限建区
禁建区

┼ 土地使用汇总表

用地代码	用地名称		用地面积 (hm²)	占总用比例
V	村庄建设用地		92.04	19.56%
	其中	住宅用地	62.11	13.20%
		混合式住宅用地	6.50	1.38%
		村庄公共服务用地	1.05	0.22%
		村庄产业用地	6.17	1.31%
		村庄基础设施用地	16.23	3.45%
H	城镇用地		6.76	1.44%
E	非建设用地		371.74	79.00%
	其中	自然水域	3.89	0.83%
		坑塘沟渠	33.19	7.05%
		耕地	150.89	32.07%
		园地	28.92	6.15%
		林地	149.65	31.80%
		设施农用地	5.21	1.11%
	规划范围总用地		470.56	100.00%

〔土地适建性评价〕

从高程、坡度、现状水域以及现状用地四个方面评价土地使用的适建性, 在保护基本农田不被侵占的情况下, 可以发现主要的沿河道的现状居民点集聚的区域是比较适合建设的, 与现状居民点基本相符。

【循循善游】3

上海市崇明县三星镇育德村村庄规划

小组成员：杨楚映 赵莹　指导老师：张尚武 栾峰 杨辰

产业规划

农业模式升级

现状产业模式——单线产业链

——中间环节压力大，易断裂

农产品种植　农产品收获　农产品运输

农产品消费　农产品出售

规划产业模式——多向产业链

——复合、联动发展
多角度提供村民收入

农产品生产　本地居民　农产品餐饮

农业景观　农产品收获　生态住宿

循环经济产业链

育德村现有养殖资源——

鸽场、鱼塘、养羊基地

育德村现有农业资源——

水稻、小麦、蔬果

育德村现有林业资源——

桔树、生态林

育德村现有旅游资源——

农家乐、餐饮、景区商业

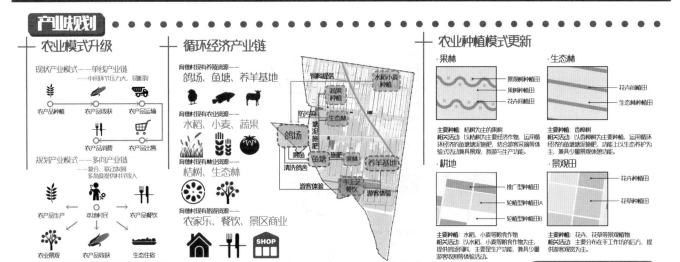

农业种植模式更新

·果林

景观树种植田
果树种植田
花卉间植田

主要种植：桔树为主的果树

相关活动：以桔树为主要经济作物，运用循环经济的鱼塘塘泥施肥，结合游客采摘等体验式活动兼具景观、旅游与生产功能。

·生态林

花卉间植田
生态林种植田

主要种植：香樟树

相关活动：以香樟树为主要种植，运用循环经济的鱼塘塘泥施肥，功能上以生态养护为主，兼具少量景观休憩功能。

·耕地

推广型种植田
轮植型种植田A
轮植型种植田B

主要种植：水稻、小麦等粮食作物

相关活动：以水稻、小麦等粮食作物为主，提供的旅游料，主要是生产功能，兼具少量游客收获体验活动。

·景观田

花卉种植田
花草种植田

主要种植：花卉、花草等景观植物

相关活动：主要分布在手工作坊的后方，提供游客观赏为主。

居民点建设总平面图

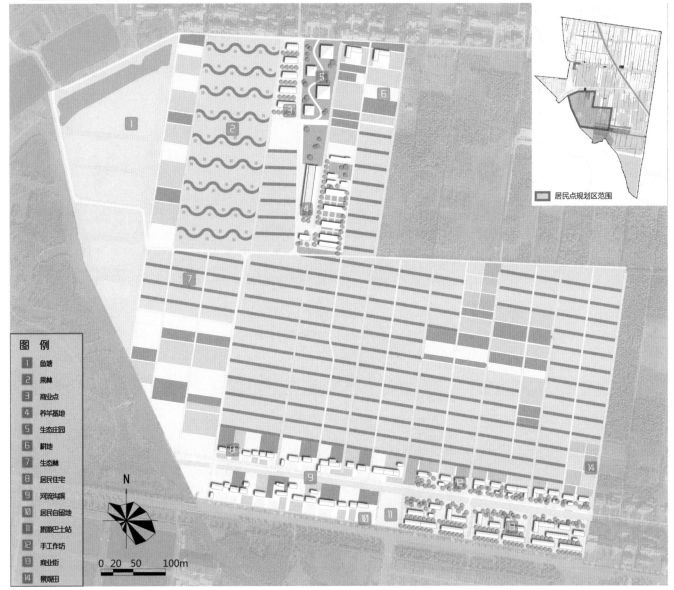

图 例

1	鱼塘
2	果林
3	商业点
4	养羊基地
5	生态庄园
6	耕地
7	生态林
8	居民住宅
9	河流沟渠
10	居民自留地
11	旅游巴士站
12	手工作坊
13	商业街
14	景观田

N

0　20　50　　100m

居民点规划区范围

居民点规划区范围

育
德
村

村庄整治

道路整治

图例
现状村庄道路
新建村庄道路
现状公路
村域范围

道路整治: 主要疏通南北向的道路, 对道路进行分类整治, 使道路同时满足使用和景观的需求。

村庄主路——改造模式

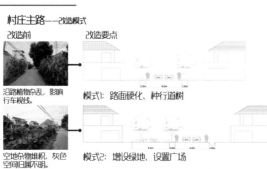

改造前　　　　　改造要点

沿路植物杂乱, 影响行车视线。
模式1: 路面硬化、种行道树

空地杂物堆积, 灰色空间归属不明。
模式2: 增设绿地、设置广场

周边林地缺乏护坡, 道路行车不易。
模式3: 设置护坡、整治景观

村庄支路——改造模式

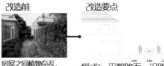

改造前　　　　　改造要点

房屋之间植物杂乱, 车辆难以通行。
模式1: 平整路面、沿路绿化

沿路植物杂乱, 影响行车视线。
模式2: 治理环境、滨河观赏

沿路植物杂乱, 影响行车视线。
模式3: 设置护坡、整治景观

公共空间整治

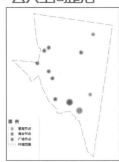

图例
景观节点
道路节点
广场节点
村域范围

节点整治: 结合村庄重要的公共设施以及旅游景点, 对村内道路沿线空置的场地进行整治, 开放公共空间。

公共空间——改造模式

改造前　　　　　改造要点

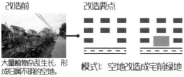

大量植物丛生长, 形成归属不明的空地。
模式1: 空地改造成宅前绿地

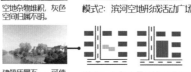

空地杂物堆积, 灰色空间归属不明。
模式2: 滨河空地形成活动广场

建筑质量不一, 可使用公共空间较少。
模式3: 拆除少量建筑形成公建

生态整治

图例
沼气干管
沼气支管
沼气池
村域范围

生态整治: 结合养鸽场以及养羊场的分布布置沼气池以及沿路布置其干管与支管, 满足居民能源使用。

沼气循环——改造模式

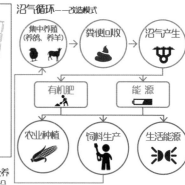

集中养殖(养鸽、养羊) → 粪便回收 → 沼气产生

有机肥　　　能源

农业种植　　饲料生产　　生活能源

模式: 通过沼气池的相关生产, 形成生态的循环, 提高村庄的能源利用, 形成绿色低碳的农村生活方式。

鸟瞰表现

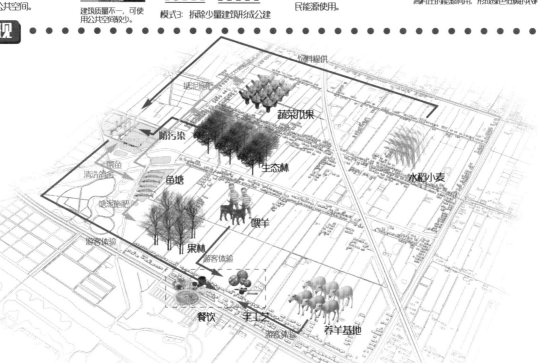

区位分析

新乡市在河南省的区位

卫辉市在新乡市域的区位

上乐村镇在卫辉市的区位

西板桥村在上乐村镇的区位

自然地理条件

西板桥村为黄河与卫河冲积形成黄、卫冲积平原。地势较为平坦，北侧有卫河经过，为季节性河流。村内原有河道、水渠、水塘等已基本全部枯竭，形成许多空渠坑塘，村庄缺水严重。

村落建设现状

西板桥村地处平原，农民居住形式以自然集中为主。居住条件一般，基本上都有独立的厨房与简易厕所。村庄住房布局散乱，犬牙交错地布置，整体形象较差。交通系统、排水系统不完善。

居民生活现状

西板桥村内共有一所小学，两所幼儿园。幼儿园基满足需求，小学设施较差，师资力量严重不足，对村民学生教育带来很大的影响。村内无村民活动场地，村民一般在路边活十字路口进行交流。

村域用地现状图

（图例）
- V11 住宅用地
- V11 混合式住宅用地
- V21 村庄公共服务设施用地
- V22 村庄公共场地
- V31 村庄商业服务业设施用地
- V32 村庄生产仓储用地
- V42 村庄道路用地
- V42 村庄交通设施用地
- V43 村庄公用设施用地
- V9 村庄其他设施用地
- E111 自然水域
- E12 水库
- E13 坑塘沟渠
- 农用道路
- E23 耕地
- E23 林地
- E9 其他非建设用地
- 村庄边界

村域现状分析

村域水系分布图
村域交通系统图
村域基础设施分布图

原有水系丰富，现几乎全部枯竭｜村域内有一条乡道，硬化路少｜村庄基础设施严重缺乏

河流水渠 / 空塘沟坑 ｜ 乡道 / 硬化道路 / 土路 ｜ 变压器 / 水泵站

村庄居民点现状分析

商业设施分布图

商业设施—— 共8处便利超市，主要分散在南北主要道路上以及另一条硬化路。均为小规模。

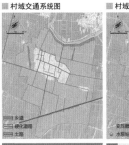

产业分布图

产业布局—— 村内以传统种植业为主，唯一的厂房为生产空心面的奇村面业，但是运营不善。

公共服务设施分布图

公共服务设施—— 共2所幼儿园、1所小学以及5个卫生所。医疗设施条件一般，小学设施条件较差。

绿化分布图

绿化分布—— 村庄居民点的主要绿化为原有水系干涸后的空渠坑渠内形成的林地，成环状结构布局。

人口现状分析

西板桥村管辖范围		人口总量统计
农村小组		12个
全村总人口		3088人
户籍人口		3049人
外来人口		39人
总户数		653户
主要居民点		3010人
	户数	621户
李庄（自然村）	总人口	78人
	户数	32户

人口构成比例
男 46.20% ｜ 女 53.80%
户籍人口 98.7% ｜ 外来人口 1.3%
本地生活 54.3% ｜ 外出打工 45.7%
18岁以下 20.6% ｜ 18岁~60岁 62.0% ｜ 60岁以上 17.4%

60岁以上人口增长特征
2011 2012 2013 2014

家庭规模比例
- 12.4%
- 37.7%
- 28.3%
- 10.8%
- 6.4%
- 3.0%
- 1.4%

老年人与儿童上升趋势明显。

人口变化趋势
年均人口机械增减数为15人，迁入及迁出人口数基本持平，户籍总人口呈缓慢上升趋势。

家庭规模逐渐缩小，青年人多外出打工，以老夫妻为主的2人家庭结构为主要形式。

产业现状分析

产业现状：第二产业 16.0%，第一产业 84.0%

主要粮食作物				
	名称	用地（亩）	种植时间	收获时间	年产量（吨）
1	小麦	3800	10月10日左右	6月10日左右	1900
2	玉米	3800	6月份	9月中旬	2200

经营不善的奇村面业 ｜ 已空置的蛋鸡养殖场

第一产业：
种植业——种植业以粮食作物为主，仅有小麦、玉米，轮季播种。无经济作物。
畜牧业——以蛋鸡养殖为主，但由于散养户村内蛋鸡养各自为政，未形成集中优势使蛋鸡养殖衰弱。蛋鸡养殖现已空置。

第二产业：
奇村面业——空心面品牌在新乡有较好口碑，品牌效应尚存，但由于市场不景气，且运营管理存在问题，因此近乎停产。

第三产业：
村内无第三产业。

产业分析
- 粮食种植 → 小麦、玉米为主 基础产业 → 保留
- 空心挂面 → 在新乡市有一定口碑 主打品牌 → 发展
- 蛋鸡养殖 → 曾有一定规模 未形成集体优势而衰退 → 复兴

现状评价及村民意愿

村民认为需要改进的村庄设施
给水 / 排水 / 道路 / 小学 / 文体设施 / 垃圾处理 / 供电 / 幼儿园 / 商业设施 / 医疗设施

居住形式意愿：多居住宅 6.40% / 联排住房 18.50% / 独栋宅基地 73.10%
居住位置意愿：若有补贴，迁往镇区或新农村社区 31.60% / 住在本村 68.40%
工作位置意愿：镇区或城区工作意向 17.60% / 仍留在本村 68.40% / 村庄发展后意回本村 26.70%

根据30份问卷数据录入以及现场访谈整理：

	现存问题及村民愿望	规划思路
居住	1.73.10%的村民希望住在独栋独院中，仅26.9%的村民接受更紧凑型居住形式。2.68.4%的村民希望的居住形式在本村居住，31.6%的居民若有政府补贴愿意搬迁。愿搬迁往城区或新农村社区。	1.将有迁入意愿往主要居民点集中安置。2.统一规划，设计新的村民居住区，统一形制，统一建设并配有中心绿地和建筑风格。
工作	1.村内打工人员倾向于本村工作，收入较低。大多数人1.不愿离乡外出打工。2.绝大多数村民具备就近就业意愿。3.绝大部分村民均希望就近本村工作，少数人希望在镇区或城区工作。	1.完善第一产业链条，进行产业升级。2.大力发展蛋鸡养殖产业，形成规模经济。3.复兴面业发展，完善管理体制。
设施	1.供水设施：硬化比例不高。2.排水设施：地面自流，无任何地下管渠，雨污不分流。3.小学：师资力量严重匮乏，教学楼破损较严重，存在安全隐患。4.垃圾处理：随处堆放、堆放，无垃圾站点。	1.供水设施：增加引水渠道。2.排水设施：增加地下排水管道。3.小学增加师资力量，丰富教育资源，集中布置幼儿园，统一管理。4.垃圾处理：集中建设垃圾站点，送至镇区进行处理。
生活娱乐	1.娱乐设施：本村无任何娱乐设施，村民没有活动及娱乐场地。2.文化设施：本村无任何文化设施。3.体育设施：本村无任何体育设施。	1.增加文体娱乐设施，建设文化广场。2.建设文化设施，丰富村民精神文化生活。3.设立健身设施场地。

指导教师：朱玮　庞磊　王德　　小组成员：庄健　申卓　胡佳怡

西板桥村

发展策略

- 传统种植保留
- 空心面业发展
- 蛋鸡养殖复兴

→ 产业优

- 基础设施完善
- 服务设施配置
- 农村活动组织

→ 生活足

→ 乡村饮食文化发展

- 空渠坑塘利用
- 开放空间营造
- 中原特色风貌

→ 村庄美 → 乡风文明 → 村容整洁

规划目标

时间维度——延续村庄发展策略，修护原有肌理，有机整治中原特色建筑风貌再造.
特色产业集中化、规模化，打造集体村庄品牌.
空间维度——利用原有大量空渠坑塘，部分恢复水系做生态池等，部分填埋作为村民的开放空间使用.

吃 and 玩

游客
- 吸引游客周末出行
- 特色农业观光游览
- 面食产业制作体验

村民
- 两大主要产业联动
- 饮食文化空间打造
- 网络营销技能传播

核心特色

- 饮食产业带动
- 中原特色风貌
- 空渠坑塘利用
- 营造开放空间

村域用地性质图

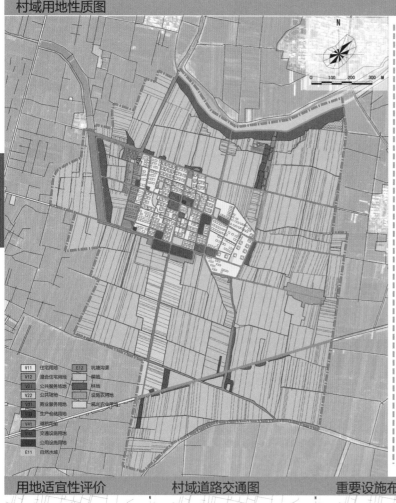

图例：
- V11 住宅用地
- V12 混合住宅用地
- V21 公共服务设施用地
- V22 公园绿地
- V31 商业服务业用地
- V32 生产仓储用地
- V41 道路用地
- V42 交通设施用地
- 公用设施用地
- E11 自然水域
- E12 坑塘沟渠
- 耕地
- 林地
- 设施农用地
- 观光农业用地

空间拓展策略

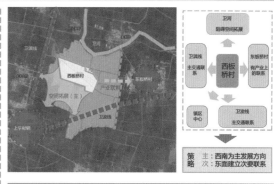

策略：
主：西南为主发展方向
次：东面建立次要联系

功能结构生成

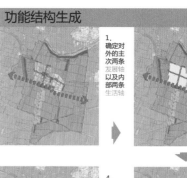

1. 确定对外的主次两条发展轴以及内部两条生活轴

2. 结合实际围绕两条生活轴确定六个居住主团

4. 确定农家钓鱼和农业观光两个休闲观光组团

3. 确定空心面和蛋鸡养殖场两个生产组团的布置

用地适宜性评价　　村域道路交通图　　重要设施布局图　　资源环境保护图

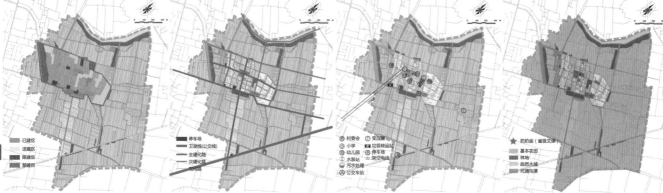

图例：
- 已建区
- 适建区
- 限建区
- 禁建区

- 停车场
- 卫浚线(公交线)
- 主硬化路
- 次硬化路

- 村委会
- 小学
- 幼儿园
- 水处理
- 公交车站
- 变压器
- 垃圾转运站
- 停车场
- 架空电线

- 奶奶庙(省级文保)
- 基本农田
- 林地
- 自然水域
- 坑塘沟渠

总平面图

1	空心面包装厂
2	蛋鸡养殖中心
3	村前广场
4	社区服务中心
5	停车场
6	小学
7	幼儿园
8	村委会
9	社区购物中心
10	村民活动室
11	晒谷场
12	礼拜广场
13	村民活动场地

西板桥村

设计分析

功能结构

一心 两轴 十组团

道路结构

对主要干道进行硬化、景观处理

景观结构

围绕中心主次缘环布置节点

公共设施

主要设施集中化，便民设施均质化

开敞空间

开敞空间体系连接各个组团

饮食空间

中心饮食组团带动，饮食文化的展示

图底关系

尊重原有机理，优化生长

建设分类

保留与改建住宅，新建部分公共建筑

密度控制

中心组团高，休闲组团中，新迁组团低

中心饮食组团细节表现

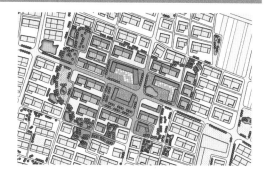

村前广场细节表现

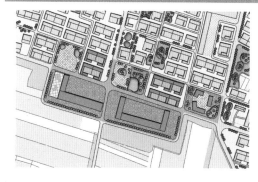

西板桥村

全景鸟瞰

居民点形成过程

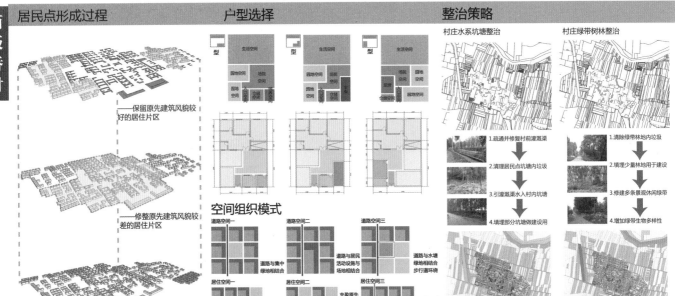

——保留原先建筑风貌较好的居住片区

——修整原先建筑风貌较差的居住片区

——迁并原先距离主居民点较远的居住片区

户型选择

型　生活空间
园地空间　场院空间
园地空间

型　生活空间
场院空间　园地空间

型　生活空间
场院空间　园地空间
仓储空间　园地空间

空间组织模式

道路空间一
道路与集中绿地相结合

道路空间二
道路与居民活动设施与场地相结合

道路空间三
道路与水塘绿地相结合步行道环绕

居住空间一
充盈原先的无水坑坑塘作为居住组团的活动与景观节点

居住空间二
整合原有分散绿地与林地

居住空间三
建筑山墙成景观实现通道与步行到相结合

整治策略

村庄水系坑塘整治

1.疏通并修复前灌溉渠
2.清理居民点坑塘内垃圾
3.引灌溉渠水入村内坑塘
4.填埋部分坑塘做建设用

村庄绿带树林整治

1.清除绿带林地内垃圾
2.填埋少量林地用于建设
3.修建多条景观休闲绿带
4.增加绿带生物多样性

特色产业发展

产业布局

	特点与优势	近期发展策略	远期发展目标
空心面	技术：传承优良制面工艺 品牌：有良好的市场口碑 认同：村民一致的认同感	1. 先分散到各户生产 2. 最后集中包装销售	1. 成规模后集中化生产 2. 打开更广阔市场 3. 吸引劳动力回流
蛋鸡	基础：蛋鸡养殖基础较好 名：拥有地域性知名度 鸡蛋需求量正回暖	1. 分散养殖大户带动 2. 统一品种集中销售	1. 规模化科学养殖 2. 建立特色的蛋鸡品牌 3. 加强副产品开发
饮食休闲	饮食：独特风味特色美食 休闲：新鲜有趣钓鱼体验 观光：大面积的观光农业	1. 以空心面和蛋鸡作为带动 2. 扩大影响	1. 规模化科学养殖 2. 建立特色的蛋鸡品牌 3. 加强副产品开发

指导老师：朱玮　庞磊　王德　　　　　　小组成员：朱晓宇　许康　陈文笛

●区位图

卫辉市在新乡市的区位

卫辉市为距新乡市地缘最近的卫星城。107国道、翟阳公路等穿境而过，交通网络完善。是河南省历史文化名城、园林城市、中国财税之乡以及"豫北水乡"。

狮豹头乡在卫辉市的区位

狮豹头乡位于卫辉市西北部太行山区，距市区30.5公里。

狮豹头乡面积为207平方公里，占卫辉市面积的1/4。盛产玉米、红薯等，是河南省指定绿色食品生产基地。

小店河村在狮豹头乡的区位

小店河村位于狮豹头乡东南部太行山区。狮豹头乡内旅游资源丰富，小店河村位于旅游轴线上的门户位置，属于游客的必经之所。

小店河村应国家要求封山育林，环境优美，严禁工业的开发，限制养殖业。

●历史沿革

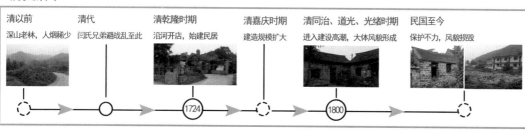

清以前	清代	清乾隆时期	清嘉庆时期	清同治、道光、光绪时期	民国至今
深山老林，人烟稀少	闫氏兄弟避战乱至此	沿河开店，始建民居	建造规模扩大	进入建设高潮，大体风貌形成	保护不力，风貌损毁
		1724		1800	

村民访谈

村子的习俗代代相传，吸引着好奇的探访者。

小店河村清代民居建筑群，位于河南省卫辉市西北部太行山狮豹头乡小店河村，现为中国第一批传统村落。

民居建筑群始建于清乾隆十三年（公元1724年），嘉庆年续建，兴盛于同治、道光、光绪、民国年间，至今已有280年的历史。

作为河南省重点历史文物保护单位，小店河村清代民居建筑群具有很高的艺术价值与历史价值。院子里用来练武的石桩，院墙上拴马的凹槽，都在无言的诉说着曾经的辉煌。穿着时尚的游客端着长枪短炮穿梭在古色古香的窄巷与院落之间饶有几分趣味。

狭窄的小径

硬山式灰屋顶

传统的院门

古朴的寨门

●风景及风水特色

山水环绕，风姿秀丽

神龟探水，福泽绵延

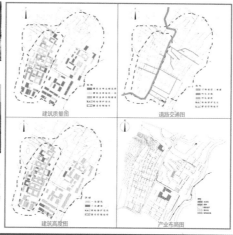

"兔子"上的小店河村

"神龟探水"的风水格局

小店河村三面环山一面环水，枕水面山的格局使其冬季受寒流影响减小，且受夏风沙侵袭。充足的水源有利于灌溉，玉米、土豆、红薯等生长良好

小店河村寨位于"龟背"之上，高耸的地势有利于防御外敌入侵。矗立在村口的寨门就是这段历史的见证。登高望远，视野开阔，景观效果良好。

小店河村的区位优势自古至今都得到了凸显，现在的省道曾经过去的古官道，千百年来朝代更迭，小店河村与外界的交通沟通却从未中断。

●明清古建筑群现状

建筑质量图　　　远近交通图

建筑高度图　　　产业布局图

整个建筑群依山而建，整齐宽敞，结构统一，雄伟壮观。平面呈梯形，占地面积五万平方米。现有寨门、寨墙、街道、院落十座。硬山式灰屋顶，坐西向东，纵贯南北，共23进四合院、86座房屋。每座院落有一进、两进、三进、四进四合院不等，依次为山门、配房、过厅、上房。

●优劣势分析

😊 Advantages

1. 自然生态良好，风景优美；独特的地形地势，风水条件优越。山清水秀、天人合一的风景能满足现代人养生休憩的需求。

2. 人文资源丰富，占地五公顷的清代民居建筑群保存完整、规模宏大，具有较高的科研、观光价值。河南省重点文物保护单位。

💡 Strategies

1. 提高村民素质 培育服务人才

2. 整治修复老建筑 完善基础设施建设

😞 Disadvantages

1. 人口空心化　　2. 经济基础差　　3. 知者甚少

小店河村

115

指导老师：朱玮　庞磊　王德　　　　　　　　　　小组成员：朱晓宇　许康　陈文笛

小店河村

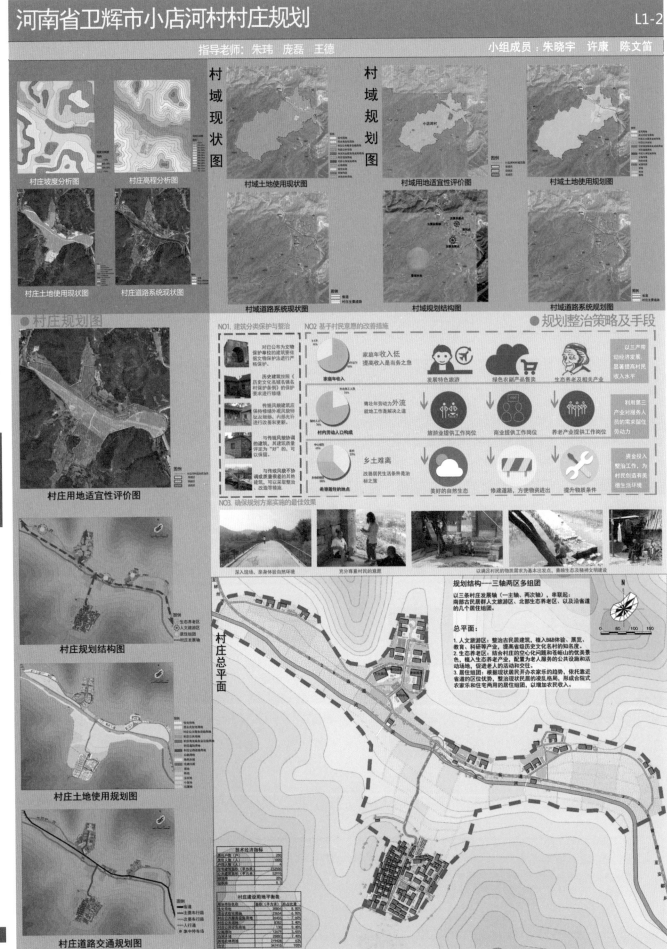

村庄坡度分析图　　村庄高程分析图

村庄土地使用现状图　　村庄道路系统现状图

村域现状图

村域规划图

村域土地使用现状图　　村域用地适宜性评价图　　村域土地使用规划图

村域道路系统现状图　　村域规划结构图　　村域道路系统规划图

村庄规划图

村庄用地适宜性评价图

村庄规划结构图

村庄土地使用规划图

村庄道路交通规划图

NO1. 建筑分类保护与整治

NO2 基于村民意愿的改善措施

● 规划整治策略及手段

NO3. 确保规划方案实施的最佳效果

规划结构——三轴两区多组团

村庄总平面

116

指导老师：朱玮　庞磊　王德　　　　小组成员：朱晓宇　许康　陈文笛

● 清代古民居建筑历史沿革

第1号院：同氏家祠，建于1820年。
第2号院：房主人同多澄，建于民国。门楼石碣"侨云山房"意思就是居住在极高地方。
第3号院：文秀才院，房檐滴水，喜从天降，福在眼前。
第4号院：文秀才院，书香门弟。
第5号院：文秀才院，三门四户是封建家族的标志。
第6号院：最早的草房，后为下人所住。
第7号院：文秀才所住，"守身为大"、"作善降祥"，封建家训，勉励后代，保守清白为大。
第8号院：木雕"文人四艺图"暗喻：书香幸福年年。两侧是暗八仙图，门楣楷书"太行叠翠"。
第9号院：武秀才练场，1826年。
第10号院：为祠堂用于祭拜。

● 典型建筑平面 & 前店后住模式

● 建筑整治措施

现状保护区划定图

规划建筑整治措施图

现状建筑质量图

优秀建筑细部

小店河清代民居建筑群

小店河整体建筑层次分明，错落有致，具有封建时代家族凝聚力。是清代典型特色的官民相结合式建筑群，具有较高文物价值和民俗、学术研究价值、艺术价值。

垃圾处理站

瞭望台

旅游服务　寨门　停车场

社区中心

教学点

蓄水池

农家乐

医疗中心　回车场

● 平面图

规划建筑功能图

规划公共空间图

规划道路系统图

小店河村

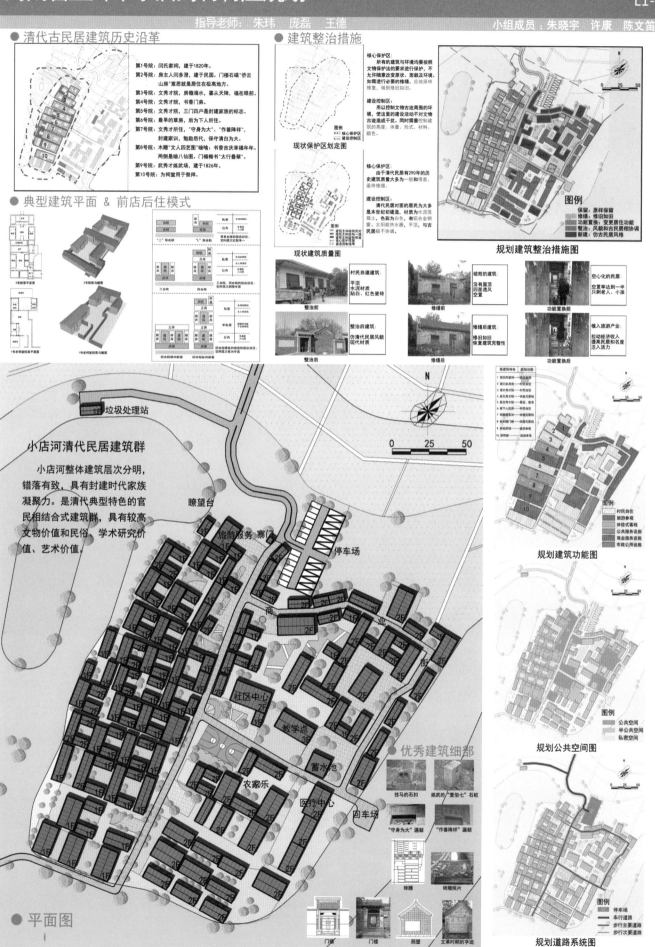

117

● 村庄服务设施示意图　　　　　● 村庄给水管网示意图　　　　　● 村庄排水管网示意图

公共服务设施与基础设施规划原则

1. 为更好的服务游客，设置公厕、医疗卫生救护站等公共服务设施；社区服务中心、教学点为村民的文化生活服务。

2. 为满足村民生产生活的需要，本着因地制宜、集约利用资源、生态环保的原则，在沧河上、下游各设一个小型抽水泵站与排水站，同时完善村庄内的给排水管网，解决水资源供应问题。

● 村庄主要街道立面图

● 村庄沿河剖面图

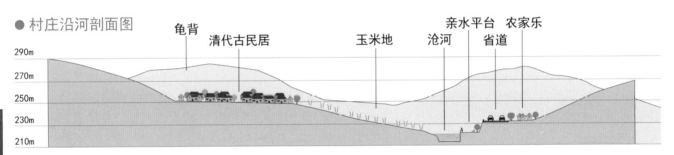

● 村庄鸟瞰图

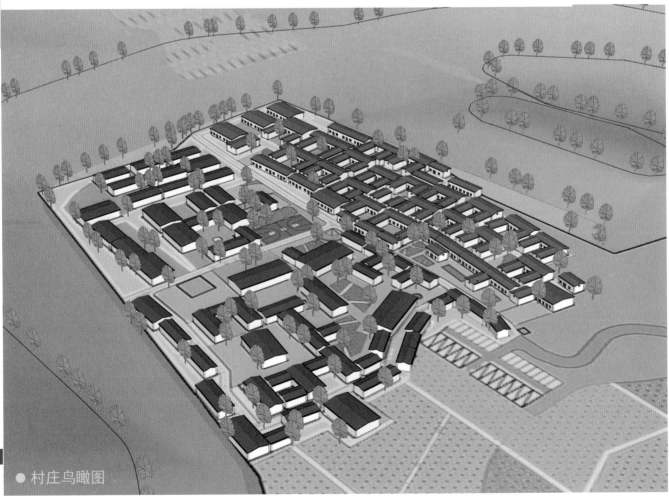

以退为进——娘娘庙村的收缩发展

卫辉市孙杏村镇娘娘庙村村庄规划

指导老师：王德 庞磊 朱玮　　小组成员：蔡一凡 蓍砚宸 庙信

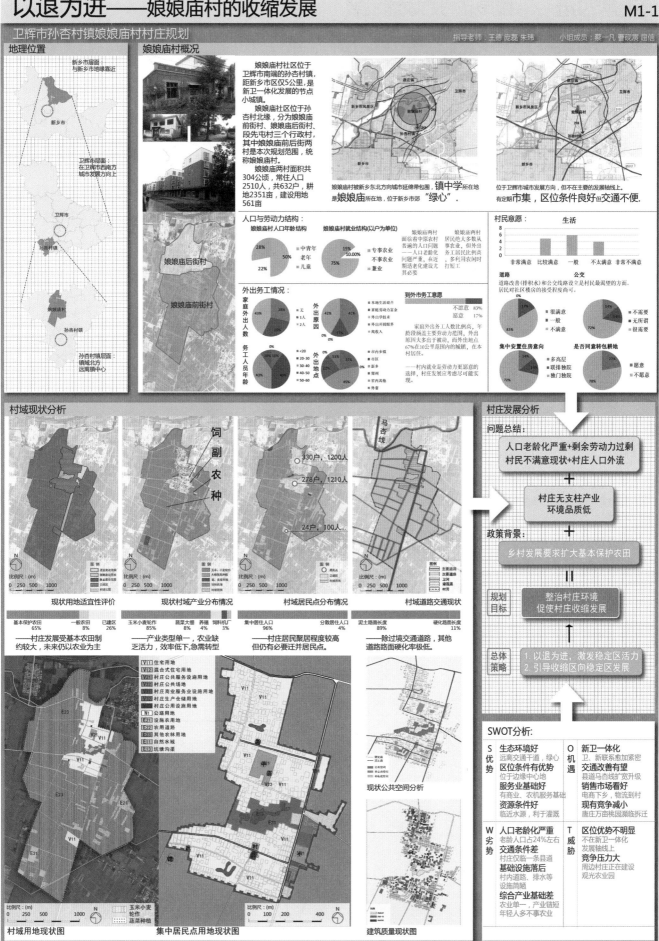

娘娘庙村

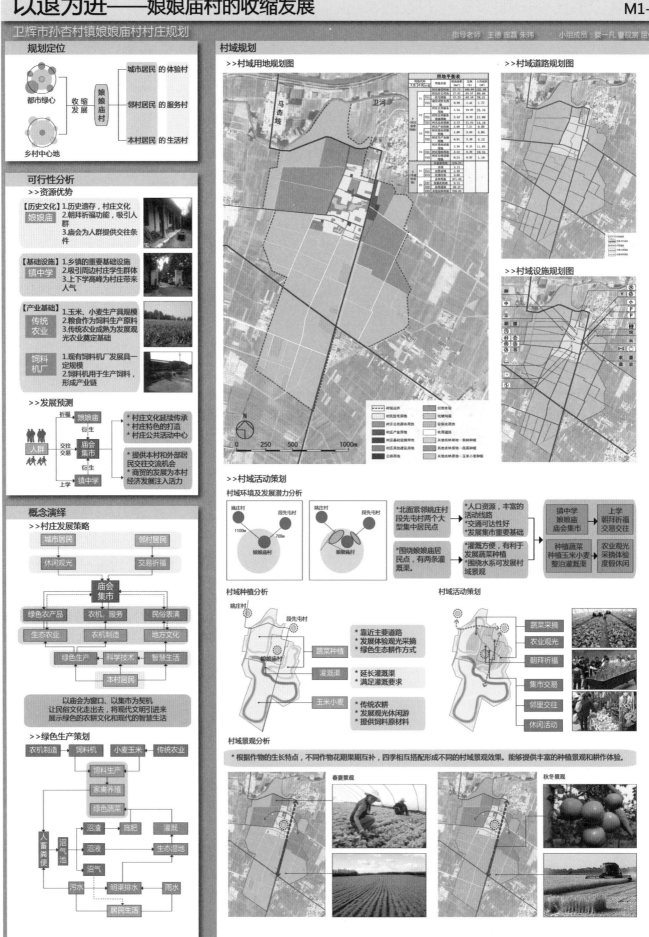

以退为进——娘娘庙村的收缩发展

卫辉市孙杏村镇娘娘庙村村庄规划

指导老师：王德　庞磊　朱玮　　小组成员：蔡一凡　曹现宸　屈信

规划定位

都市绿心　　收缩发展　娘娘庙村　　城市居民 的体验村

乡村中心地　　　　　　　　　邻村居民 的服务村

本村居民 的生活村

可行性分析

>> 资源优势

【历史文化】娘娘庙 1.历史遗存，村庄文化 2.朝拜祈福功能，吸引人群 3.庙会为人群提供交往条件

【基础设施】镇中学 1.乡镇的重要基础设施 2.吸引周边村庄学生群体 3.上下学高峰为村庄带来人气

【产业基础】传统农业 1.玉米、小麦生产具规模 2.粮食作为饲料生产原料 3.传统农业成熟为发展观光农业奠定基础

饲料机厂 1.现有饲料机厂发展具一定规模 2.饲料机用于生产饲料，形成产业链

>> 发展预测

人群　折福→娘娘庙　衍生
　　　交往交易→庙会集市　衍生
　　　上学→镇中学

* 村庄文化延续传承
* 村庄特色的打造
* 村庄公共活动中心

* 提供本村和外部居民交往交流机会
* 商贸的发展为本村经济发展注入活力

概念演绎

>> 村庄发展策略

城市居民　　　　邻村居民
休闲观光　　　　交易祈福
　　　庙会集市
绿色农产品　农机、服务　民俗表演
生态农业　　农机制造　　地方文化
绿色生产　科学技术　智慧生活
　　　本村居民

以庙会为窗口，以集市为契机
让民俗文化走出去，将现代文明引进来
展示绿色的农耕文化和现代的智慧生活

>> 绿色生产策划

农机制造→饲料机　小麦玉米　传统农业
　　　　饲料生产
　　　　家禽养殖
　　　　绿色蔬菜
沼渣　施肥　　灌溉
人畜粪便　沼气池　沼液　　生态湿地
　　　沼气
污水　明渠排水　雨水
　　　居民生活

村域规划

>> 村域用地规划图

马杏线　卫河

用地平衡表

村域界线
村民居住用地
村庄公共服务用地
村庄产业用地
村庄基础设施用地
公路用地
自然草地
坑塘沟渠
灌溉水用地
农田道路
其他农林用地—果树种植
其他农林用地—蔬菜种植
其他农林用地—玉米小麦种植

0　250　500　1000m

>> 村域道路规划图

>> 村域设施规划图

>> 村域活动策划

村域环境及发展潜力分析

姚庄村　1100m　段先屯村　700m　娘娘庙村

* 北面紧邻姚庄村段先屯村两个大型集中居民点
* 围绕娘娘庙居民点，有两条灌溉渠。

* 人口资源，丰富的活动线路
* 交通可达性好
* 发展集市重要基础
* 灌溉方便，有利于发展蔬菜种植
* 围绕水系可发展村域景观

镇中学　娘娘庙　庙会集市　　上学　朝拜祈福　交易交往

种植蔬菜　种植玉米小麦　整治灌溉渠　　农业观光　采摘体验　度假休闲

村域种植分析

姚庄村　段先屯村　娘娘庙村

蔬菜种植
* 靠近主要道路
* 发展体验观光采摘
* 绿色生态耕作方式

灌溉渠
* 延长灌溉渠
* 满足灌溉要求

玉米小麦
* 传统农耕
* 发展观光休闲游
* 提供饲料原材料

村域活动策划

蔬菜采摘
农业观光
朝拜祈福
集市交易
邻里交往
休闲活动

村域景观分析

* 根据作物的生长特点，不同作物花期果期互补，四季相互搭配形成不同的村域景观效果。能够提供丰富的种植景观和耕作体验。

春夏景观　　　　秋冬景观

娘娘庙村

卫辉市孙杏村镇娘娘庙村村庄规划

指导老师：王德 庞磊 朱玮　　小组成员：蔡一凡 曹砚宸 屈信

村庄"收缩"策略

策略一：规划区空间管制（左图）

将村域纳入空间管制区范围，通过对"收缩"区域的限制建设，及稳定区域的鼓励建设，使村庄范围逐渐趋于稳定，用地趋于集约。

策略二：人居环境优化

a. 将养殖业外迁至集中地点，硬化村内道路，并配套排水、污水处理、环卫设施。

b. 促进稳定区内"空宅"使用权转让，避免空巢，并对宅基地前空地进行"环境自治"

环境自治模式分析

| 门前空间权责不清晰 | 门前空间，垃圾堆放地 | 各司其职，各用其地 自主维持清洁 |

图例：
- 空置宅基地
- 在用宅基地
- 宅前空地
- 堆垃圾的空地
- 责任包干的空地

策略三：公共设施布局引导

村委、文化站等公共设施布局尽量满足中部稳定区需求，引导居民朝稳定区迁移。

收缩区
稳定区
养殖点

图例：
- 现状建设范围
- 道建区
- 限建区
- 景观区
- 规划区范围

空间管制规划图

总平面图

原有建筑
新建、改建建筑

N
总平面图 1:2000

规划分析图

镇中学
老年活动室
文化站

卫生站
村委
小学

公共服务设施规划图

- 10kV变电站
- 垃圾收集点
- 200m服务半径

环卫电力设施规划图

- 景观节点
- 活动节点
- 主要道路
- 次要道路

道路与公共空间规划图

- 小型污水处理
- 取水井
- 排水管道

给排水设施规划图

- 历史遗迹
- 永久基本保护农田限制建设区域

娘娘庙
汲冢书遗址

历史遗迹保护规划图

娘娘庙村

卫辉市孙杏村镇娘娘庙村村庄规划

指导老师：王德 庞磊 朱玮　　　小组成员：蔡一凡 曹硕宸 屈信

收缩发展分析

1. 居民去向预测

专事农业　　本地兼业

28%
50%
12%
10%

城镇化　　本地经商

2. 收缩区划定依据

a. 现状建设情况

村庄北部现状

村庄北部
现状建设情况较差，房屋大多为破旧的红砖砌体简房，搭建严重，基础设施严重缺乏

村庄南部现状

村庄南部
现状建设情况较好，房屋大多为统一新建的成套住房，路面硬化好，基础设施较完善

b. 宅基地供需预测

宅基地供给量		宅基地需求量	
居民城镇化迁出空置	75户	140户	收缩区自主搬迁
现有在建社区楼房	120户	80户	自然增加
稳定区规划可新建	60户	20户	告老还乡
总计	255户	240户	总计

经供需量预测，至2030年到达稳定期后规划方案可以满足要求，并有少量余量满足发展的弹性需求

3. 情景举例：

如：如何实现拆迁？村民协商，房屋置换

A先生一家：
传统兼业农民家庭
↓ 未来
绿色蔬菜专业户在村里生活

现有住房差　想建新房

B女士一家：
传统兼业农民家庭
↓ 未来
进城发展，事业有成在城里安家

现有住房好　不愿回村

规划管理部门：实现规划目标

提交村委互补解决　B房出让 A房拆除

空间设计与表现

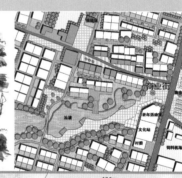

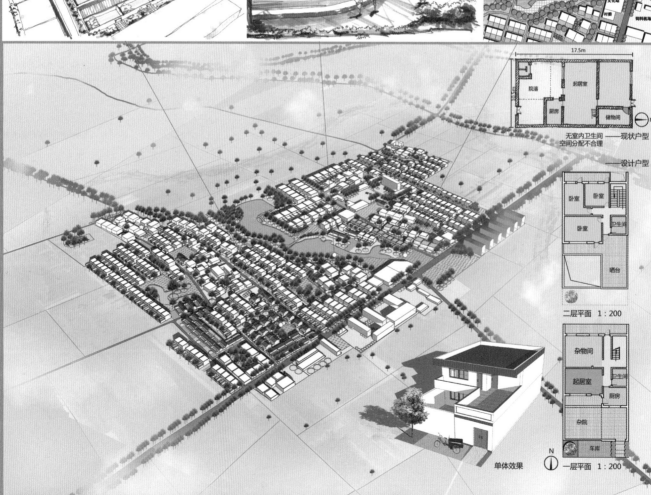

17.5m

无室内卫生间——现状户型
空间分配不合理
——设计户型

二层平面 1：200

单体效果

一层平面 1：200

区位

仁里屯村位于中原地区，河南省北部，村域面积500.59公顷，常住人口1976人。

仁里屯村位于卫辉市中心城区西侧，唐庄镇政府驻地东部；北以107国道为界，东临226省道，交通便利。

仁里屯村位于村庄密集地区，与周边3个村庄有硬化道路连接，且发展程度较好。

仁里屯村地属卫辉市唐庄镇，靠近卫辉中心城区，毗邻107国道，地势平坦。经济水平属于全镇较高水平，村民人均年收入约12000元。产业以农业为主，是全国一村一品示范村镇，主要农作物为马铃薯，产量高、质量好。居民点建设条件优良，公共服务设施基础设施建设较为完善，居民点内道路全部硬化，村庄风貌整洁。

村域用地与设施布局现状

蔬菜交易市场

生产合作社位于村庄西北角，无偿提供种植技术指导，有偿提供优质种子育苗，提高农作物产量。

每天早上4点至8点，周边蔬菜供应商会来此处进行蔬菜交易。

村大队

村大队为村子的行政管理中心，同时整合村办幼儿园、卫生室与活动场地。

私立幼儿园

服务大约120名学龄前儿童，设施较为完善，场地稍小，吸收邻近村庄的学龄前儿童。

村办小学教学楼

位于村庄东北角，占地15亩，建筑面积1000平方米左右，有6个班级，学生300人，教师10名，有完整独立操场，配有2间电教室，由于设施完善，吸引部分村外儿童就读。

村办小学操场

仁里屯村保留土葬的习俗，墓地集中在十里河西侧的大树下。

村域道路系统

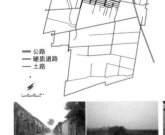

== 公路
—— 硬质道路
—— 土路

村庄居民点内道路全部硬化，且有沿路及路中绿化

村域基础设施

给水：村内打井，管道输送
排水：污水管道排放至京广铁路排污沟
环卫：专人回收，露天堆放
供电：
能源：管道输送天然气

田间道路为土路，供村民电动车、农机具行驶

垃圾堆放处

垃圾露天堆放臭气熏天，影响景观风貌

村域公共服务设施

公共服务设施布局集中，设施条件较好，服务对象不限于本村，体现出"惠及外部"的特点

土地使用条件分析

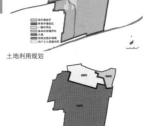

土地利用规划

土地适宜性评价

村庄建筑现状及评价

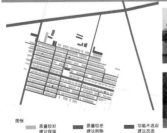

图例
质量较好 建议保留
质量较差 建议拆除
功能不适应 建议改造

住宅
均为上世纪90年代后建造，以二层平屋顶建筑为主，每户有独立院落，建筑面积均为200平方米左右

厂房
出村道路两侧有三处弃置厂房，为已经关闭的化工厂、煤厂，建筑质量一般，经过改造可进行功能更新

产业发展与资源

精耕细作 蔬菜种植

产业特色 马铃薯
全国一村一品示范村.

合作社机制

通过村生产大队组织合作社种植机制，走科技种植路线，产量高.

依托国道 交通便利

通过G107公路运输，门门直达性高，产品服务范围广.

村民特点与意愿

收入高 打工少

大部分村民以蔬菜种植为主业，收入较高，同时由于蔬菜种植农闲期短，长期在外打工者少，村内青壮年较多

村民年收入统计

似城市社区 开放包容

仁里屯村与传统村落相较，村民间血缘关系较弱，村民姓氏构成丰富，没有大族祠堂；除世代居住于此的村民外，接纳很多山洪灾民迁居至此，开放程度高，对外来因素的包容能力强

北部受洪山区村民
周边村庄 村民嫁入

梁 张 下 杨
孔 王
李 瑞 董

世代居住于此

生产生活组织集中

村生产大队对村民生产生活组织能力高，村集体行动力强

村支书询问小学开学情况

种地意愿强烈

"种地不仅是我的家庭收入，还能够锻炼身体，每天下地，对身体健康也有好处。"

普通村民

发展观光农业

"我们土豆种的好，就想跟着做点观光、农家乐什么的，已经搞了两届土豆节了，但游客来挖土豆以后就走了，我们希望有地方让他们在这里吃饭、住宿。"

村支书

保留原有居住习惯

"不想上楼，现在的小楼小院住得最得劲儿，我电动车、农机车要放在院子里，还可以种点花草，社区的单元楼根本没法比。"

问题归纳

1. 地域文化特色缺失
物质空间层面，建筑年代形制接近，缺乏明显标志性；从精神认同层面，属于典型中原农耕文明，缺乏核心特色

2. 产业发展进入瓶颈期
本村经济发展状况总体良好，长期以一产为支柱产业，90年代后增长缺乏新的动力

3. 基础设施有待提升
村庄基础设施基本满足日常需求，但缺乏集中环卫设施，如垃圾转运站等，对生态环境造成了一定影响

规划目标

-惠外-
产业发展，让仁里屯的产品服务更多人

-仁里-
空间营造，复兴本土文化，保护居住乐土

惠外 / 产业发展指导

小土豆 大收获

产销合作——获得资金支持与稳定市场

农民　技术指导免费　种子农肥有偿　技术员　报酬　仁里屯合作社

技术指导免费　农民　高产出种植空间　有偿　蔬菜温室种植大棚　优质产品供应 品牌效应　厂房改造设备配置资金　地方企业（新乡新百农百饺 思念食品 etc）　报酬

产业延伸——提高农民收入与乡村活力

蔬菜种植　批量销售　一产

蔬菜种植　原料洗净　三产　分类包装　初级加工 腌制/酱制　初级加工 烹调　二产

批量销售　对点直供　网络销售　游客零售

精耕细作，科技种植，收成好！

每年六月土豆成熟喜迎丰收

游客来挖土豆，省力还赚钱

田间地头

观光农地

农家宅院蔬食餐厅

土豆等田间蔬菜做成农家菜

提供村民们短时租赁，简单加工，卖价更高！

蔬菜洗净加工车间

交易市场

土豆批发销路好对点直供更稳定

购买合作社提供的优质种苗，便宜又放心！

请技术员指导种田能手培育优良品种，耗肥少产量高，成功后改良全村的土豆

育种研发试验田

产业运作图景

仁里 / 村庄空间营造

"仁"——文化服务与公共活动空间

·孝长
为老人提供生活便利
老年食堂活动中心

·至信
改善户外活动空间，集聚人气提高安全感

·求知
提供文化服务培育新乡村文化
书屋 小学

"里"——街巷格局

·五家为邻 五邻为里
改善宅间绿地，形成组团式绿地布局，提供邻里交往空间，拉近人与人间距离

·保留行列式街巷格局
疏通断头道路，构建步行里，形成良好的户外步行、活动环境

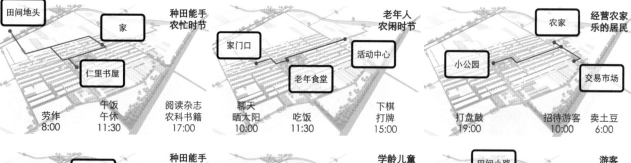

田间地头　家　仁里书屋　种田能手 农忙时节
劳作 8:00　午饭午休 11:30　阅读杂志农科书籍 17:00

家门口　老年食堂　活动中心　老年人 农闲时节
聊天晒太阳 10:00　吃饭 11:30　下棋打牌 15:00

农家　小公园　交易市场　经营农家乐的居民
打盘鼓 19:00　招待游客 10:00　卖土豆 6:00

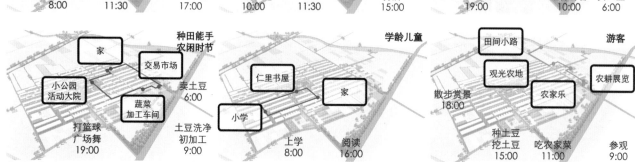

家　交易市场　小公园 活动大院　蔬菜加工车间　种田能手 农闲时节
打篮球广场舞 19:00　卖土豆 6:00　土豆洗净初加工 9:00

仁里书屋　家　小学　学龄儿童
上学 8:00　阅读 16:00

田间小路　观光农地　农家乐　农耕展览　游客
散步赏景 18:00　种土豆挖土豆 15:00　吃农家菜 11:00　参观 9:00

仁里屯 好生活

乡村生活图景

仁里屯村

惠外·仁里

小组成员：白慧　蔡言　邱旭峰　　指导老师：庞磊　朱玮　王德

村庄平面图

① 农贸市集
② 纪念品手工作坊
③ 农耕文化博物馆
④ 休闲茶室
⑤ 农产品加工包装
⑥ 育种研发试验田
⑦ 农业技术合作社
⑧ 生产实践拓展基地
⑨ 农家乐试点
⑩ 村民活动中心
⑪ 健康蔬食主题餐厅
⑫ 村委大队　卫生院
⑬ 幼儿园
⑭ 书屋　民宿试点
⑮ 老年食堂　超市
⑯ 中心公园 ⑰ 小学
⑱ 农机维修站
⑲ 垃圾转运站
⑳ 滨河步道

N
0　150　300 M

仁里屯村

村庄基础设施规划

给水设施规划　　排水设施规划　　供电设施规划　　环卫设施规划

公共空间节点设计

对外服务节点

原有空间定义不明确，基本没有停留活动，汽车交通主导，步行被道路阻隔。

设计活动空间，用不同铺地提示减慢车速，鼓励步行，用行道树提示停车空间。

现状平面　　规划策略　　规划平面　　节点透视

村民文化活动节点

原有空间被穿越交通分割，缺乏有活力的公共空间。

植入不同活动空间，用开放步道连接，增强可达性，活动区域内纯步行。

现状平面　　规划策略　　规划平面　　节点透视

仁里屯村

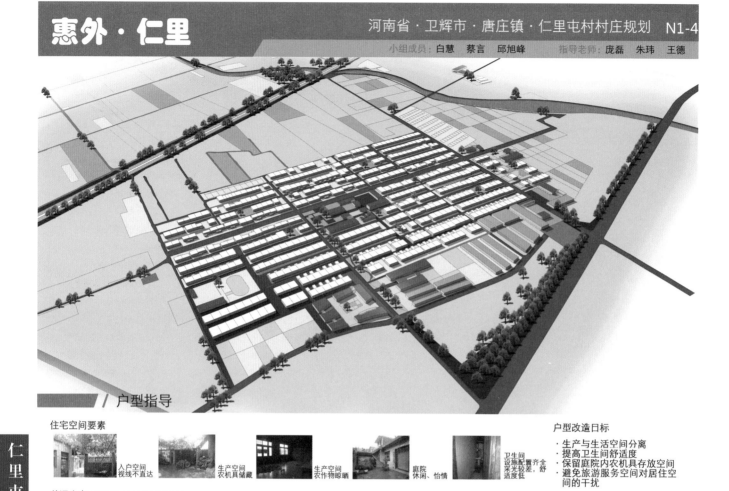

户型指导

住宅空间要素

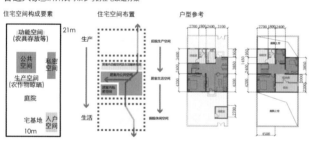

卫生间
设施配置齐全
采光较差，舒
适度低

入户空间
视线不直达

生产空间
农机具储藏

生产空间
农作物晾晒

庭院
休闲、怡情

户型改造目标

· 生产与生活空间分离
· 提高卫生间舒适度
· 保留庭院内农机具存放空间
· 避免旅游服务空间对居住空间的干扰

普通人家_所有村民可以参考的住宅改造方案

住宅空间构成要素　　住宅空间布置　　户型参考

农家乐_有意愿接待游客的农家参考使用

住宅空间构成要素　　住宅空间布置　　户型参考

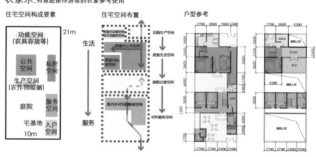

村域规划

规划结构

村域土地使用规划

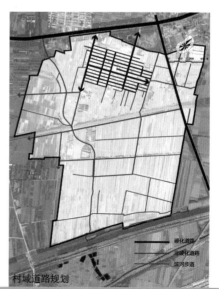

村域道路规划

村庄规划感想

马一翔

在结束了村庄规划这一学习环节后，我像当初第一次接触"村庄规划"这个名词时一样，问自己什么是村庄规划。最先进入脑海的，是栾老师教学任务书里的强制性内容：生活生产、基础设施、公共服务等等。然而这些法律条文所规定的内容毕竟是死板的，它只是一种要求，或者说是一种格式。对我们的规划观真正潜移默化、影响深刻的，是我们在规划学习中所了解到的村庄、村庄里的居民和事。

回忆村庄规划的实地调研环节，感觉最大的遗憾还是我们对村庄了解得太少。我们国家这么大，农业人口这么多，而却对于我们这些坐在教室里读"圣贤书"的规划学生来说，还是有些陌生。这次去湖南安化的村庄调研，大片的稻田、潺潺的溪水和远方青翠的丘陵，让我觉得村庄景观对于人的影响是那么深刻——没有日新月异的建设，青山绿水长在，时间仿佛也变慢了。这对于我们这些规划学生来说，是一种完全不同的"基地条件"。村支书告诉我们，如今村民更愿意守着自己的田，生活也算富足，城里的生活也并非比村里美好，年轻人出去的热情也不再那么高。这虽然只是一些村庄的个别情况，但已经让我们直接面对第一手资料。我意识到，村庄里正发生着一种观念的转变，而这种转变正与时代相吻合——新农村逐渐变成现实。

村庄的自然令人赞美，村庄的人民令人敬佩。我们在做村庄规划时该怀着怎样的心态？或许作为学生的我们只能抱着一种"江湖郎中"的心态，不去刻意改变他们的生活，而是去顺应他们这种生活。对于拥有城市生活经验的人来说，我们的经验既是缺点，也是优点。我们无法完全知道村民的需求，但我们却也可以同时看到他们所拥有的财富，即自然。对于村民来说，"采菊东篱下，悠然见南山"是司空见惯，而正因为熟悉而往往被忽视。我们作为"城市人、旁观者"当然清楚地知道自然财富的意义所在。我们所能做的，就是提醒他们，保护自然。于是在村庄规划方案中，我们组的核心思想就明确提出了保护水系、保护村落、保护景观廊道三个原则。在具体的方案设计中，我们也尽量遵循原有的自然和人文元素，刻意避免了城市元素的带入。指导老师在评论我们的方案时觉得"太农村"了，然而就我个人而言，这正是我们对自然、对村庄表达敬意的方式。或许这与个人风格有关，作为敬畏自然的自然中心主义者，我觉得村庄其本身就是大自然中重要的一部分。

或许将来我们可能并不会都有机会再从事有关村庄规划的工作，但我觉得有一点是值得我们一直反思的：城市是我们城市规划师一手绘制的蓝图，但村庄规划永远不可能是——村庄是自然的孩子，我们是自然的学生。

村庄规划感想

屈　信

　　本学期村庄规划的调研实习和设计学习，使我第一次以认真的态度来关心一个普通农村的现状和发展。我们现在已经认识到了中国农村在社会、经济、生态等等方面的价值，我们更不能坐视一个个有希望的村庄在绝望中消失。那么，在村庄规划中，我们规划师应该扮演怎样的角色？这是我思考的问题（有第三方投资帮助起飞的村庄可能并不在我思考的范围内）。

　　本次我们的规划对象是一个普通的河南农村，它面临了我国大部分农村所共同面临的问题——劳动力流失、留守老人和儿童问题、环境品质恶劣、产业结构单一并且生产力低下等等。在过去的学习中，我们的确从卷帙浩繁的书本中了解到上述问题的大概，但这一次的村庄规划给了我们一个切身感受的机会，使我们开始理解产生这些问题的原因，也开始有一些自己的想法。

　　在和一个个普通村民的交谈中，我了解他们的生活规律、家庭情况，体会到了他们想要努力改变现状的无能为力。我理解了这个村庄的人口、产业、环境三者之间紧密的联系和"三农问题"的恶性循环——落后的农业经济导致劳动力流失到外地打工，继而环境破败、基础设施和公共服务难以落地，进而外出打工者也不愿将所积累的资金投入到改进原本的农业经济（农业现代化）中去，最后使农业经济原地踏步甚至更加落后，又进入下一个循环……

　　我们所调研的农村正在"现代化"的潮流下轰轰烈烈地"去现代化"——"种地基本靠手，环卫基本靠狗，人口基本靠走（离开）"。

　　如何打破这个循环？从规划师的角度，我认为最根本的途径是帮助村民自发改善农业经济，而不是被动等待第三方的投资，我们能做什么呢？

　　我们作为乡村的规划师应该和村民一起分析目前村庄发展面临的困境和机遇，和村民讨论，动用自身的专业知识和眼光帮助村民找到一个致富的突破口。在这个前提下，才进一步地进行物质空间规划。也就是说，村庄规划的重点在于规划过程中重心的转变，即规划师应该更多地与村民们讨论如何发展村庄经济（也许村里的"能人"已经有了一些初步的想法），考虑可行性和实际的经济效益，最后得出一个发展的路径。在这个基础上，再按照传统的空间规划原理，在综合考虑产业、文物古迹、生活习惯等等因素在内，进行物质空间的规划设计。

　　总之，在村庄规划中，规划师不能作为一个旁观者来进行，而应该是一个参与者。一个有效的村庄规划应该是从产业策划到空间设计再到产品宣传推广的连锁行动——这是一个艰难的挑战。

村庄规划感想

王天尧

乡村规划在城乡发展的进程中占据着越来越重要的地位。本学期乡村规划课程的设置弥补了我们对乡村认知的不足。

本学期的乡村规划由前期实地调研和课程规划设计两部分组成。我们组由于有幸参加了上海市2040总体规划中嘉定区部分的前期调研，历时一个月，调研了总计147个村。在调研过程中，我们见识了不同类型的村庄。有贫困高污染，发展困难的村庄，如雨化村；有井井有条发展，精神文明建设与经济建设同步进展的村庄，如太平村；也有以文化产业为主，三产发达的村庄，马陆镇大裕村就是其中的典范；其他村庄的情况也是各有特点。

不同的村庄，其发展的方向、面临的问题均不同。而"人"则是每个村都要面临的问题，都要提升的方向。首先是"人口"，我们所调研的嘉定区的百余乡村，绝大部分村庄都存在外来人口数远大于户籍人口的情况。近年来人口的迅速膨胀给村庄的发展带来了巨大的压力，也为村庄的管理造成了不可忽视的阻碍。在解决外来人口问题的方面，不同的村采取了不同的对策，得到的成效差别非常明显。众村之中太平村脱颖而出，该村不仅经济建设位于嘉定区的前列，还十分重视精神文明建设。为外来人口专门成立了外来人口小组，建成专门的居住小区供外来人口居住，并不定期举办大型文化活动，曾成功组织4000人外来人口大会。在乡村建设中，"人口"问题首当其冲。其次就是"人的生活条件"，乡村的经济建设是保证村民生活条件的根本，但同时也要考虑到生活居住的生态条件。所以，在乡村规划过程中，经济发展和生态平衡之间的协调是非常困难却又重要的一件事情。最后，"人的归属感"也是乡村规划建设中非常重要的一环。这点就需要村庄在经济发展、管理合理之外还具有自己的特色，即村庄的文化特色建设，包括历史文化遗产保护、特色产业建设等。

本学期，我们规划设计的村庄是嘉定区外冈镇的泉泾村。我们在规划过程中三管齐下，在经济建设方面，分析本村在区域内的定位，以及本村村民的需求，在工业和生态间平衡的时候优先侧重于生态，拆除了绝大多数的工业，仅保留能级最高的数个工厂。从而减少本村对外来人口的吸引力，侧面解决了"人口"的问题。而本村的经济收入来源则通过墓葬产业和第三产业的发展来实现，同时本村重点发展第一产业，为整个镇区服务。而"人的归属感"方面，通过建筑、街道肌理的保留改建，保留原有的街道空间特色，在"不得不拆建的情况才可以拆建"的原则指导下，对农村的居民点进行了详细规划。

总而言之，无论是城市规划还是乡村规划，人都是最重要的部分。而在乡村规划中，这一点体现得尤为明显，我个人理解"乡村规划"就是"为村民规划"。

乡村规划感想

王　越

　　早在大三下的时候，我们就上过李京生老师的乡村规划课，李老师给我们讲了很多关于乡村规划的原则与做法，但对于老师的观点和原理我也只是知其然，不知其所以然。这次大四上的乡村规划设计课程让我走进了乡村，带着满脑子的疑惑去重新认识书本上的乡村。

　　作为一个家乡在湖南小城市的学生，我见过农村，也到过农村。由于当时年龄的原因，我从未对乡村房屋的布局、乡村道路、公共服务设施的配置、乡村建筑形制等有过任何思考，只是对它截然不同于城市的环境景观以及乡村生活十分感兴趣。在湖南安化县仙溪镇仙中村，老师带领我们对乡村的方方面面都进行了一定的探究，结合课程上老师所讲述的内容，让我体会最深，收获最大的是以下几个方面：

　　一、为村民考虑，务实的乡村规划

　　乡村规划非常重要的一个方面就是为村民考虑。村民有什么困难，需要什么样的乡村生活，他们需要什么样的居住环境，他们认为什么样的道路是合理的，什么样的房屋布局是协调的，基础服务设施种类、范围，建筑形制等，规划师都应该充分听取他们的意见，而不是强行灌输自己的规划理念。村民不了解的东西，应该尽量与村民沟通，让他们知道规划师在做什么，应该以提高村民居住水平、生活水平为原则，提高乡村可持续发展能力为目标，对乡村进行规划。

　　二、与城市不同又相同，特殊的乡村规划

　　乡村规划与城市规划，有相同的地方，例如两种规划都要对其物质空间进行规划，对基础设施进行合理配置，对产业进行布局，用地进行划分，但更多的是区别。乡村所处的地域与环境、历史变迁、人口密度等，决定了乡村规划与城市规划需要分开对待，但又要同等重视。乡村物质空间是城市物质空间一定程度上的延续，这种延续，只是不同地段上、不同地域上的延续，并不是说规划手段、规划策略也要从城市延续到乡村。城市重视道路网络的布局，重视不同产业的联动发展，重视一定指标下的公共服务设施的配建。在乡村里也用同样的指标衡量道路面积、道路网络、城市空间营造、不同产业配比，就会显得不合时宜。因地制宜，详细调研，制定更适合乡村的各种地方性规划指标、规划目标，才是乡村规划更应该努力的方向。

　　三、以政策为导向，弹性的乡村规划

　　从某种角度上说，乡村有着比城市更为复杂的土地权属关系，这就意味着乡村规划比城市更加注重土地权属的置换，更加注重土地政策的制定。所以合理的制度制定，多样化、有效的制度保障，对于给予村民多样的选择，尊重村民的意愿，十分有效。在政策制定的同时，还要关注政策的时效性与弹性，对乡村当前发展规划问题做到有效把控，把握乡村规划的近远期关系，把乡村规划做的留有余地，有发展空间，而不是强加空间形态，生活方式在村民身上，让村民自主做出选择，并在将来的生活中还有更改的可能性。

四、小结

如今，面积更为广阔的乡村作为不同于城市的一块独特地域，它的发展对于未来城乡发展的走向有着深远的影响，乡村规划作为城乡规划的分支，也已经在城乡一体化发展中起到越来越举足轻重的作用，如何引导乡村规划向着更为合理的方向前进，需要我们大家的共同努力。乡村未来路在何方，还有很长的路要走。

村庄规划感想

王子鑫

　　乡村规划设计，一个月的期限，让我们得以初步了解乡村的社会结构、经济产业与风土人情。同学们（包括我）大多在城市里出生，对乡村了解有限。我印象中的乡村，还停留在十年前老家的农村景象——垃圾遍地，河流污染，异味刺鼻。然而这次在崇明岛的调研，我发现了乡村美的一面。干净的道路上几乎看不到垃圾，纵横的田地、苍翠的橘园构成了大地的肌理。中国的乡村，正逐渐开始缓慢却又剧烈的变革。

　　我们组乡村规划的设计基地在崇明岛绿港村。这是一个经济条件较为良好，村民人均收入位居全镇第一的村子。村里的主要经济来源是农家乐与柑橘种植。

　　因为东临明珠湖，南靠西沙湿地，自然资源充足，农家乐在绿港村的发展非常繁荣。目前已经初具规模的有西来农庄、西沙明邸，还有集水产养殖、文化娱乐、休闲观光于一体的蟹庄。几个农家乐之间已经出现了初步合作联营的现象。西来农庄和蟹庄会相互介绍客源。由于蟹庄的档次更高，西来农庄会主动将对住宿条件有更高要求的客人介绍到蟹庄。这种差异化的经营，包括产品差异和档次差异，形成了很强的互补性，对于放大经营效益具有明显作用，是村民自发和偶发经营的产物。

　　对比邻村育德村的经济条件，可以发现，单纯依靠种植粮食作物，已无法满足村民经济收入的需要。绿港村村民的富庶，就是依靠了第三产业和柑橘种植业的发达。

　　尽管目前来说，绿港村村民人均年收入万元，但对于年轻的本地人来说，家乡依然不具有吸引力。在我们走访的村民中，90%的子女在上海工作。子女的子女也随之在上海读书、扎根。他们在上海买了房子，但户口保留在崇明。平日里，通常是一对六、七十岁的老夫妇自己种田浇菜、洗衣做饭。尽管跨江大桥的建立让崇明与上海之间的交通便利了一些，但分居两地的父母与子女之间的联系通常也只是每月一到两次的探望。"老了没人照顾怎么办呢？"我问一位老人。她笑眯眯地回答："那就在家等死呗！"。或许是戏言，但老无所依确实会变成这些老人将来所要面临的问题。

　　村里已经注意到了养老的问题。镇上开了一家养老院，西沙明邸也是一家结合了休闲与养老的综合型农家乐。我认为这可以成为未来养老型农家乐的发展趋势。

　　村里的文化娱乐设施不多，平日里也没什么活动。村民坦言，一天的农活已经够劳累，他们更喜欢安静地坐下来欣赏戏曲或电视表演。所以在我们的规划中，广场的数量并不多，广场的功能尽量复合。

　　乡村，是一个多元复合的乡村。乡村的空间是复合的——白天的打谷场晚上就可以变成剧场；乡村的社会关系是复合的——通常兄弟一起经营农家乐。如果不深入乡村，不以一个村民的视角来观察乡村，规划很难做好。

　　一个月的时间，对于完全了解乡村社会并不足够。《江村经济》、《乡土中国》这些成书于百年前的著作，是作者深入乡村数年所总结出的经验。然而遗憾的是，还没有出现一本与他们相比肩的书本，来总结现如今的乡土社会——受到信息冲击、城市经济产业冲击、年轻人口流失的乡土社会。绿港村，是一个产业转型比较成功的例子，但仍然面对着社会关系纽带破裂、社会结构失调的问题。希望在未来的规划中，规划师可以和村民一起探索中国乡村的变革之道。

村庄规划感想

叶凌翎

从2014年7月的乡村调研至2015年1月评图的这半年时间，经过了实地走访、教师指导、组内讨论、一轮轮方案的修改等过程，我对乡村规划这几个字有了更真切的体会，但同时也产生了更多的疑惑以及切身体会到规划师的责任重大所在。

我所在小组的规划对象是嘉定区外冈镇泉泾村，地处嘉定西北，毗邻昆山市和太仓市，村域内将有500千伏高压走廊和市郊环线切向线穿越，同时村内工业用地在不久的将来也将进行复垦，它的发展前景并不乐观。曾经选择泉泾村来进行规划的原因有二：地处三市交界；村内有一块经营性墓地，村内可支配收入的50%来自于此，并有扩张的规划。起初我们认为这两个特点可以作为乡村规划的切入点，但在进行更深入的调研和分析时发现，其偏远的区位并不能为其带来优势反而成为其未来发展的阻碍因素，同时外冈镇区有一处影响力和规模都高出本村墓园许多的上海市一级墓地，泉泾村墓园的竞争力处于弱势，在规划中若一味强调其墓园的决定地位是不妥当的。我们能做的就是如何让墓园发挥其自身的特点，同时提升本村居民的生活环境。

对村庄进行这样的定位之后，矛盾出现了：我们的乡村规划好像什么都没做，但同时我们也认为不能做得再多了（比如大力发展墓葬周边产业、形成产业链或是专门为此配套规划商业用地等）。与此同时，在进行规划设计的时候也时时在问自己：村民的需求是什么？是不是站在他们的角度考虑问题？鉴于泉泾村位于上海市郊区的特殊性，我认为很多时候乡村层面的规划并不能满足村民的需求。这样的村庄往往是依附于大城市、为大城市服务而存在的，需要大力发展工业的时候他们提供土地，成为污染的收集池；而需要提升环境质量、工业集约发展的时候，他们赖以生存的工业企业被淘汰、工业用地复垦，村庄收入得不到保证。这里大部分村民最大的愿望是动迁、得房变现，但我们的规划中既不能随意为他们规划商业用地，也不能代替市场把宅基地全部置换成二类居住用地。我们规整了路网、疏通了水系、按照对未来的预判进行了用地资源的梳理，但我不认为我们回应了村庄的需求。

这门乡村规划课程结束后，我认为最大的收获并不是一些规划方面的手法，而是学着如何去看待乡村、如何去思考规划师在村庄发展中的角色。虽然经过一个学期的学习和探索，很多问题并没有得到答案，但是它是一个很好的开端，让乡村在我们心中不再是一个固定的模板样式，而是真实的、特点各不相同的生命体，让我更深切地感受到了作为一个规划师肩负的重大责任。

村庄规划感想

朱晓宇

　　乡村规划实践中，我最大的收获在于体会到乡村规划与城市规划在规划对象、方法等的异同，学着去因地制宜地考虑乡村规划设计。乡村规划和城市规划中的修建性详细规划有一定相似性，两者均涉及一定范围内建设的综合部署、具体安排，但受乡村自然、人口、社会、文化等因素影响，乡村规划与城市规划有较大差别。

　　首先，在规划对象上，乡村规划主要为三农服务，综合部署乡村的物质、社会环境。由于农民的生活、生产均与自然有密切关系，乡村规划需融合农民的意愿、扶持农业的增长、促进农村的全面发展，从保护自然资源的基础上进行。在进行整治规划时考虑自然环境的特点，顺应自然，降低建设过程对乡村原有自然、人文环境的冲击。以我组的河南省卫辉市小店河村村庄规划为例，小店河村周边为生态良好的林地，根据上位土地利用规划，我们严格控制村庄建设用地的范围，减少对自然环境的占用；同时，修缮明清古建筑群，整治村容、改善设施，提高村民生活品质。

　　在乡村规划的组织方法上，受服务人群和规划范围的影响，乡村规划更像是一类特殊的社区规划，由村民参与规划、编制规划，充分反映当地独特的风土人情和村民的风俗习惯。村民有对乡村的丰富认识，但缺乏专业知识，我们规划师应担当技术支持的角色，对于村民的规划设想，给予专业性的评价与指导。这需要规划师深入基层，了解大多数村民的意愿和偏好，不能把城市规划的经验和标准直接套用到乡村规划上。例如，在居住方式上，大多数村民不一定喜好设施齐全、环境良好的公寓，反而更偏向设施较差、环境一般的独院式住宅。村庄特有的自然、文化背景造就了村民的个性和习惯，"村民"是乡村规划的核心。

　　在乡村规划的理念上，应将乡村的自然、经济、人文因素在物质空间的组织上得以延续。挖掘、继承乡村的自然、历史、社会特点，融入物质空间规划，考察乡村产业结构、基础设施、村民意愿以检验其合理性。乡村规划不仅为了完善基础设施、改善村民生活环境，在增加乡村经济发展动力的同时，也应注重对自然环境、历史文化遗产的保护与利用，延续原有乡村物质空间肌理和社会关系网络，巩固村民的归属感，提高村民的生活技能。例如，我组重视保护村庄内明清古建筑群的肌理，并将其提炼出来运用到新建建筑的组合方式上，提高村庄肌理的完整性，增强小店河村的豫北建筑特色。

　　关注民生，让村民做主，这是乡村规划给我最深的体会。作为未来规划师的我们，应认识到城市规划与乡村规划的差异，善于发现并适应这种差异，协调好三农发展与乡村自然、人文环境的关系，尊重每一个乡村的独特性，因地制宜辅助村民进行乡村规划。

教学采风

同济大学城市规划系5个教学小组与总体规划现场调研结合，分别在山西省介休市、河南省卫辉市、上海市嘉定区、上海市崇明县和湖南省安化县选择了14个村镇作为教学题目，包括山西省介休市旧新堡村、南槐志村、石河村，河南省卫辉市西板桥村、小店河村、娘娘庙村、仁里屯村、上海市嘉定区灯塔村、葛隆村、泉泾村、小庙村、上海市崇明县绿港村、育德村，湖南省安化县仙溪镇。

最终学生们完成了19个村庄规划设计方案，并参与了概念性村庄规划方案竞赛。

自然景观

在同学们的调查过程中，不同省份、不同地理环境下的村庄自然景观各有特色，给同学们留下了深刻的印象，同时也成为同学们规划设计思路的重要源泉。

村容村貌

同学们对不同地域村庄的各自特点进行了细致的考察。

从村庄的布局特征、院落形式到建筑的外观、层数、建筑材质，进行了详尽的了解和总结，为规划设计方案的形成提供了可靠依据。

住宅内部

住宅内部空间的组织形式也是村庄调查的一个重要内容。

不同地域的村庄住宅内部空间组织特点鲜明，是体现当地村民生活方式与人文特点的重要场所。对住宅内部各部分功能及组织形式的了解对设计具有重要的启示作用。

调研访谈

在村庄的调研过程中，除了直观的感受和可视的现状，同学们对部分村民和村干部进行了访谈，在访谈中加深对村庄的认识。

特色景观

所选取的村庄各具特色，古刹、养殖基地、花卉基地、度假村、工厂等特色元素，引起了同学们的兴趣。如何利用这些特色元素为乡村量身订造发展之路，是同学们面临的难题。

师生交流

在调查和评奖的过程中，同学们就遇到的疑问和想法及时与老师进行交流和探讨，在老师们的指导和点评中，同学们加深了对乡村规划的理解和认识。

评审

竞赛邀请了校内外多位知名专家和教授组成评审专家组，对参选的19组方案进行评审和点评，共评出一等奖1名，二等奖3名，三等奖5名，另外还选出单项奖研究奖、创意奖和表现奖各1名。

颁奖

后 记

　　自2012年开展乡村规划教学，同济大学城市规划系城市总体规划教学团队承接了乡村规划设计的教学任务，为此积极开展教学探索，邀请校内外专家参与教学环节、提出意见与建设，开展专题研究。该专辑就是在前两年的基础上，连续第三年出版的有关教学成果。从2012年结合实践开展教学，到2013年全面推进有关教学方法的探讨，今年教学团队又专门邀请各地专家学者就乡村规划特征及教学进行研讨并发表意见。

　　延续前两年的经验，今年的专辑包括两部分内容，其一是主要由部分参与研讨的有关专家提供的乡村规划特点及教学方法的建议，其二是教学团队带领本科生所完成的教学成果展板内容，总计收录了4个省市共14个村庄的村庄规划案例，部分调研内容已经在2015年中国城市规划学会乡村规划实践案例展上展出。

　　本书的出版，既是同济大学城市规划系对乡村规划设计教学年度工作的总结，同时也可以说是三年来我们乡村规划设计教学方法初步探索的一个阶段性总结。当然，面对着广阔的祖国乡村大地，面对着国家新型城镇化战略对于乡村发展和保护的战略性要求，面对着城乡规划学一级学科的建设需要，这三年的工作仅仅是一个微小的开端，我们必须继续积极开拓，在实践中不断学习、不断总结、不断创新，为适应乡村规划工作需要的专业人才的培养做出应有贡献。

　　这本书的出版，不仅得到了同济大学城市规划系众多教师和同学们的积极支持，也得到了中国建筑工业出版社和杨虹编辑一如既往的大力支持，在此深表感谢。该书的出版，以及这些年来同济大学在乡村规划教学方面的发展，也始终得到了上海同济城市规划设计研究院的大力资助，同样深表感谢。希望该书的出版，能够为乡村规划教学工作的不断发展，提供绵薄贡献。

著者

2015.3